AF388097

Sergej Oks

Elementformulierungen für Scheibenprobleme

Definitionen, Defizite und Vergleiche anhand konkreter numerischer Beispiele

Bachelor + Master
Publishing

Oks, Sergej: Elementformulierungen für Scheibenprobleme: Definitionen, Defizite und Vergleiche anhand konkreter numerischer Beispiele, Hamburg, Diplomica Verlag GmbH 2012
Originaltitel der Abschlussarbeit: Theorie und Numerik unterschiedlicher Elementformulierungen von Scheibenproblemen

ISBN: 978-3-86341-181-7
Druck: Bachelor + Master Publishing, ein Imprint der Diplomica® Verlag GmbH, Hamburg, 2012
Zugl. Technische Universität Dortmund, Dortmund, Deutschland, Bachelorarbeit, 2010

Bibliografische Information der Deutschen Nationalbibliothek:
Die Deutsche Nationalbibliothek verzeichnet diese Publikation in der Deutschen Nationalbibliografie;
detaillierte bibliografische Daten sind im Internet über http://dnb.d-nb.de abrufbar.

Die digitale Ausgabe (eBook-Ausgabe) dieses Titels trägt die ISBN 978-3-86341-681-2 und kann über den Handel oder den Verlag bezogen werden.

Inhaltsangabe

Die vorliegende Arbeit beschäftigt sich mit der Theorie und der Numerik von ausgewählten Elementformulierungen für Scheibenprobleme. Behandelt werden außer der klassischen Verschiebungsmethode noch gemischte Formulierungen, in solchen Methoden werden neben den Verschiebungen unabhängig davon noch andere Größen (z.B. Spannungen und/oder Dehnungen) gesucht. Das Hauptaugenmerk wird im Rahmen dieser Thesis auf die zwei Spezialfälle B-bar und die Enhanced Strain Methode gelegt, beide werden ausführlich diskutiert. Die Annäherung an Inkompressibilität verursacht bei Scheibenelementen, die mit der Verschiebungsmethode gerechnet werden, einen materiellen Versteifungseffekt (Locking) und damit auch trotz Verfeinerung des Netzes eine Verschlechterung der Konvergenz gegen eine exakte Lösung. Die aufgeführten gemischten Methoden haben dieses Defizit nicht, sie weisen sogar durchweg ein verbessertes Konvergenzverhalten auf. Neben dem materiellen Locking wird noch geometrisches Locking von Scheibenelementen untersucht und damit eine ganzheitliche Betrachtung zu Locking-Phänomenen bei solchen Elementen gegeben.

Summary

The present work deals with the theory and the numerics of chosen element formulations of plane problems. This will consider beside the classical displacement method as well mixed formulations, in such methods in addition to the displacements independently other values (e.g. stresses and/or strains) are sought. The main focus is in this thesis on the two special instances B-bar and the Enhanced Strain Method, both are discussed detailed. The approximation to incompressibility doing with plane elements, which are calculated with the displacement method, causes a material locking-effect and thus despite netrefinement a deterioration of the convergence to an exact solution. The listed mixed methods do not have this deficit, they even have consistently improved convergence behavior. In addition to the material locking also geometric locking of plane elements is investigated and therefore a holistic approach to locking-phenomena in such elements is given.

Inhaltsverzeichnis

1 Einleitung

> *„Phantasie ist wichtiger als Wissen,*
> *denn Wissen ist begrenzt.“*
>
> ALBERT EINSTEIN

Elementformulierungen egal welcher Art basieren zunächst auf einem dreidimensionalen Problem. Durch Annahmen und Umformungen wird dieses Problem auf eine Form heruntergebrochen, mit der man, mit möglichst wenig Rechenleistung bzw. -aufwand, Berechnungen durchführen kann, die eine zufriedenstellende Lösung bieten. In diesem Sinne werden zu Beginn dieser Arbeit Grundgleichungen aufgestellt und auf die, für Scheibenprobleme, nötige Dimension reduziert. Mit diesen Grundgleichungen kann dann die Definition der Verschiebungsmethode erfolgen und es können auch die Schwächen dieser Definition herauskristallisiert werden.

Das Ziel dieser Thesis ist es nach der Einführung in die Elementformulierungen für Scheibenprobleme anhand der Verschiebungsmethode aufbauend darauf andere Elementformulierungen vorzustellen und zu diskutieren, die die Schwächen der Verschiebungsmethode nicht aufweisen bzw. effizienter sind. Die Theorie dieser Formulierungen soll besprochen und danach an konkreten numerischen Beispielen veranschaulicht werden.

Zu den ausgewählten Elementformulierungen gehören neben der Verschiebungsmethode (Kapitel 3) noch die $\bar{B}$-Methode (Kapitel 5) und im Kapitel 6 die Enhanced Strain Methode. Es wird stets die Elementebene betrachtet, da hier die wichtigsten Informationen herauszulesen sind. Anschließend soll das Kapitel 7 noch einige Hinweise zur Assemblierung der Elementinformationen zum Gesamtsystem geben.

2 Grundgleichungen

Die Formulierung eines Problems setzt Annahmen und Gleichungen voraus. Unter der Voraussetzung, dass im Rahmen der vorliegenden Arbeit nur auf lineare Problemstellungen eingegangen wird, findet in diesem Abschnitt die Zusammenstellung der benötigten Gleichungen für Scheibenformulierungen statt.

2.1 Kräftegleichgewichtsbedingung

Das Kräftegleichgewicht an einem deformierten statischen System wird im Kontinuierlichen mit dem sogenannten Cauchy[1]-Spannungstensor $\hat{\boldsymbol{\sigma}}$ sowie der Volumenkraftdichte $\boldsymbol{b}$, etwa Gravitation, definiert

$$\operatorname{div} \hat{\boldsymbol{\sigma}} + \boldsymbol{b} = \boldsymbol{0}. \tag{2.1}$$

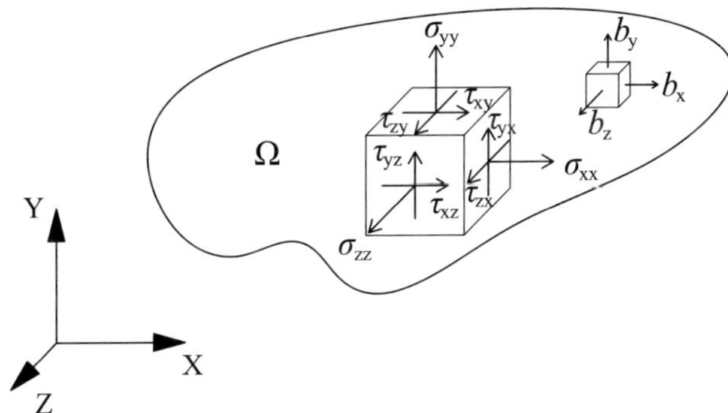

Abbildung 2.1: Gebiet (tensorielle Notation der Indizes)

Das betrachtete Gebiet Ω ist im Allgemeinen der $\mathbb{R}^3$. In den Zeilen sieht man die Belastungs- und Reaktionsmöglichkeiten eines Körpers und aus den Spalten der Spannungsmatrix kann man die Dimension des Körpers ablesen (3 Spalten $\equiv$ allgemeiner dreidimensionaler Körper, 2 Spalten $\equiv$ scheibenförmiger Körper und 1 Spalte $\equiv$ stabförmiger Körper). Das Kräftegleichgewicht für den dreidimensionalen Fall kann man in Matrizenschreibweise

---

[1] CAUCHY, Augustin Louis (1789 - 1857): *französischer Mathematiker*

wie folgt hinschreiben

$$\begin{bmatrix} \sigma_{xx,x} + \tau_{xy,y} + \tau_{xz,z} \\ \tau_{yx,x} + \sigma_{yy,y} + \tau_{yz,z} \\ \tau_{zx,x} + \tau_{zy,y} + \sigma_{zz,z} \end{bmatrix} + \begin{bmatrix} b_x \\ b_y \\ b_z \end{bmatrix} = \begin{bmatrix} 0 \\ 0 \\ 0 \end{bmatrix}. \tag{2.2}$$

Im Rahmen dieser Arbeit wollen wir Scheibenprobleme behandeln und müssen deshalb eine Dimensionsreduktion durchführen. Wie oben erwähnt, hat ein scheibenförmiger Körper nur zwei Spalten in der Spannungsmatrix. Er hat in einer Richtung, wir wählen dafür die z-Richtung, eine sehr viel geringere Abmessung als in den anderen Richtungen. Die Abmessung in z-Richtung strebt gegen Null und die in diese Richtung wirkenden Spannungen können näherungsweise als konstant angenommen werden, daraus folgt, dass die Ableitungen der Spannungen nach z verschwinden. Für die Scheibe wird zusätzlich gefordert, dass es keine Belastungen in z-Richtung geben soll und damit auch keine Plattenwirkung aktiviert wird. Somit kann man auch die Schubspannungen, die von der z-Richtung abhängen (3. Zeile), streichen

$$\begin{bmatrix} \sigma_{xx,x} + \tau_{xy,y} \\ \tau_{yx,x} + \sigma_{yy,y} \end{bmatrix} + \begin{bmatrix} b_x \\ b_y \end{bmatrix} = \begin{bmatrix} 0 \\ 0 \end{bmatrix}. \tag{2.3}$$

Es bleiben also nur noch die Normalspannungen in x- und y-Richtung sowie die Schubspannungen aus der Kombination der beiden Richtungen, der Spannungstensor ist somit zu einer 2×2 Matrix geworden. Da der Cauchy-Spannungstensor symmetrisch ist, kann man ihn nach Voigtscher[1] Notation in einen Vektor umschreiben, indem man die symmetrischen Anteile zusammenfasst. Dazu muss man gleichzeitig die sogenannte Differentialoperatormatrix $\boldsymbol{D}$ einführen. Nicht zu vergessen ist, dass eine Lösung der Gleichung nur gefunden werden kann, wenn eine der Variablen bekannt ist, hier ist es die Volumenlast $\boldsymbol{b} = \bar{\boldsymbol{b}}$, womit folgt

$$\boldsymbol{D}^{\mathrm{T}} \boldsymbol{\sigma} + \bar{\boldsymbol{b}} = \boldsymbol{0}. \tag{2.4}$$

Im Zweidimensionalen gilt dann

$$\begin{bmatrix} \partial_x & 0 & \partial_y \\ 0 & \partial_y & \partial_x \end{bmatrix} \begin{bmatrix} \sigma_{xx} \\ \sigma_{yy} \\ \tau_{xy} \end{bmatrix} + \begin{bmatrix} \bar{b}_x \\ \bar{b}_y \end{bmatrix} = \begin{bmatrix} 0 \\ 0 \end{bmatrix}. \tag{2.5}$$

2.2　Kinematik

Äquivalent zur Reduktion der Kräftegleichgewichtsbedingung vom $\mathbb{R}^3$ zum $\mathbb{R}^2$ kann auch die Kinematik (Verzerrungs-Verschiebungs-Beziehung) reduziert werden. Der sogenannte

---

[1]Voigt, Woldemar (1850 - 1919): *deutscher Physiker*

Green[1]-Lagrangesche[2] Verzerrungstensor ist wie folgt definiert

$$\hat{\boldsymbol{E}} = \frac{1}{2}(\operatorname{grad} \boldsymbol{u}^{\mathrm{T}} + \operatorname{grad} \boldsymbol{u} + \operatorname{grad} \boldsymbol{u}^{\mathrm{T}} \operatorname{grad} \boldsymbol{u}). \qquad (2.6)$$

Bei nur kleinen Verschiebungen kann der quadratische (nicht-lineare) Anteil vernachlässigt werden. Im Rahmen dieser Thesis ist es ausreichend sich auf den dadurch resultierenden linearisierten Verzerrungstensor zu beschränken, da nur lineare Problemstellungen behandelt werden sollen. Es gilt

$$\hat{\boldsymbol{\varepsilon}} = \frac{1}{2}(\operatorname{grad} \boldsymbol{u}^{\mathrm{T}} + \operatorname{grad} \boldsymbol{u}) = \begin{bmatrix} \varepsilon_{\mathrm{xx}} & \varepsilon_{\mathrm{xy}} & \varepsilon_{\mathrm{xz}} \\ \varepsilon_{\mathrm{yx}} & \varepsilon_{\mathrm{yy}} & \varepsilon_{\mathrm{yz}} \\ \varepsilon_{\mathrm{zx}} & \varepsilon_{\mathrm{zy}} & \varepsilon_{\mathrm{zz}} \end{bmatrix}. \qquad (2.7)$$

Nach Voigtscher Notation lässt sich der linearisierte Verzerrungstensor analog zum Spannungstensor als Vektor darstellen. Reduziert auf den 2D-Fall für die Scheibe folgt demnach mit Hilfe der Differentialoperatormatrix

$$\begin{bmatrix} \varepsilon_{\mathrm{xx}} \\ \varepsilon_{\mathrm{yy}} \\ 2\varepsilon_{\mathrm{xy}} \end{bmatrix} = \begin{bmatrix} \varepsilon_{\mathrm{xx}} \\ \varepsilon_{\mathrm{yy}} \\ \gamma_{\mathrm{xy}} \end{bmatrix} = \begin{bmatrix} \partial_{\mathrm{x}} & 0 \\ 0 & \partial_{\mathrm{y}} \\ \partial_{\mathrm{y}} & \partial_{\mathrm{x}} \end{bmatrix} \begin{bmatrix} u_{\mathrm{x}} \\ u_{\mathrm{y}} \end{bmatrix}. \qquad (2.8)$$

Man definiert dabei $\gamma = 2\varepsilon$ für die Schubverzerrungen. In Kurzform lässt sich die Beziehung folgendermaßen darstellen

$$\boldsymbol{\varepsilon} = \boldsymbol{D}\boldsymbol{u}. \qquad (2.9)$$

2.3 Werkstoffgesetz

Über das Materialgesetz (auch konstitutive Gleichung) koppelt man die Spannungen mit den Verzerrungen. Dieses Verhältnis wird durch das Hookesche[3] Gesetz beschrieben

$$\hat{\boldsymbol{\sigma}} = \mathbb{C} : \hat{\boldsymbol{\varepsilon}}. \qquad (2.10)$$

Dabei ist der Elastizitätstensor $\mathbb{C}$ ein Tensor 4. Stufe. Nutzt man die Kenntnis über die Symmetrie des Spannungs- und Verzerrungstensors und vereinfacht außerdem diese Tensorgleichung für linear elastisches und isotropes Material mit konstanten Eigenschaften, so kann man für den 3D-Fall das Stoffgesetz in der folgender Form darstellen

---

[1] GREEN, George (1793 - 1841): *englischer Mathematiker und Physiker*
[2] DE LAGRANGE, Joseph-Louis (1736 - 1813): *italienischer Mathematiker und Astronom*
[3] HOOKE, Robert (1635 - 1703): *englischer Physiker, Mathematiker und Erfinder*

$$
\begin{bmatrix} \sigma_{xx} \\ \sigma_{yy} \\ \sigma_{zz} \\ \tau_{xy} \\ \tau_{yz} \\ \tau_{xz} \end{bmatrix} = \frac{E}{(1+\nu)(1-2\nu)} \begin{bmatrix} 1-\nu & \nu & \nu & 0 & 0 & 0 \\ \nu & 1-\nu & \nu & 0 & 0 & 0 \\ \nu & \nu & 1-\nu & 0 & 0 & 0 \\ 0 & 0 & 0 & \frac{1-2\nu}{2} & 0 & 0 \\ 0 & 0 & 0 & 0 & \frac{1-2\nu}{2} & 0 \\ 0 & 0 & 0 & 0 & 0 & \frac{1-2\nu}{2} \end{bmatrix} \begin{bmatrix} \varepsilon_{xx} \\ \varepsilon_{yy} \\ \varepsilon_{zz} \\ \gamma_{xy} \\ \gamma_{yz} \\ \gamma_{xz} \end{bmatrix}. \tag{2.11}
$$

Das Stoffgesetz wird normalerweise mit dem Elastizitätsmodul E (auch Youngs[1] Modulus) und der Querkontraktion ν (auch Poissonzahl[2]) ausgedrückt. In der Festkörpermechanik gibt es außerdem noch den Schubmodul G und den Kompressionsmodul K, die durch den folgenden Zusammenhang mit dem E-Modul und der Querkontraktion in Verbindung stehen

$$
E = 2G(1+\nu) = 3K(1-2\nu) = \frac{9KG}{3K+G},
$$

$$
\nu = \frac{E}{2G} - 1 = \frac{3K-E}{6K} = \frac{3K-2G}{6K+2G},
$$

$$
G = \frac{E}{2(1+\nu)} = \frac{3KE}{9K-E} = 3K\frac{1-2\nu}{2+2\nu},
$$

$$
K = \frac{E}{3(1-2\nu)} = \frac{GE}{9G-3E} = \frac{2G(1+\nu)}{3(1-2\nu)}.
$$

$$\tag{2.12}$$

Mit der Kenntnis über die Zusammenhänge zwischen den Moduln besteht die Möglichkeit volumetrische (dilatorische) und deviatorische Anteile in der Materialmatrix zu trennen. Der volumetrische Anteil resultiert aus Volumendehnung bzw. -stauchung und ist somit in alle Richtungen gleich. Der deviatorische Anteil resultiert aus Verzerrung des Volumens. Es gilt

$$
\boldsymbol{C} = \boldsymbol{C}_{\mathrm{vol}} + \boldsymbol{C}_{\mathrm{dev}} \tag{2.13}
$$

mit

$$
\boldsymbol{C}_{\mathrm{vol}} = K\boldsymbol{m}\boldsymbol{m}^{\mathrm{T}},
$$

$$
\boldsymbol{C}_{\mathrm{dev}} = 2G(\boldsymbol{I}_0 - \tfrac{1}{2}\boldsymbol{m}\boldsymbol{m}^{\mathrm{T}}).
$$

$$\tag{2.14}$$

Je nachdem ob man den 3D- oder 2D-Fall betrachtet, haben die Hilfsmatrix $\boldsymbol{I}_0$ und der Hilfsvektor $\boldsymbol{m}$ folgende Gestalt

---

[1]YOUNG, Thomas (1773 - 1829): *englischer Augenarzt und Physiker*
[2]POISSON, Siméon-Denis (1781 - 1804): *französischer Physiker und Mathematiker*

$$\boldsymbol{I}_0 = \begin{bmatrix} 1 & 0 & 0 & 0 & 0 & 0 \\ 0 & 1 & 0 & 0 & 0 & 0 \\ 0 & 0 & 1 & 0 & 0 & 0 \\ 0 & 0 & 0 & \frac{1}{2} & 0 & 0 \\ 0 & 0 & 0 & 0 & \frac{1}{2} & 0 \\ 0 & 0 & 0 & 0 & 0 & \frac{1}{2} \end{bmatrix} \quad \text{und} \quad \boldsymbol{m} = \begin{bmatrix} 1 \\ 1 \\ 1 \\ 0 \\ 0 \\ 0 \end{bmatrix} \tag{2.15}$$

für den $\mathbb{R}^3$ und daraus abgeleitet folgt der für Scheibenprobleme interessante 2D-Fall

$$\boldsymbol{I}_0 = \begin{bmatrix} 1 & 0 & 0 \\ 0 & 1 & 0 \\ 0 & 0 & \frac{1}{2} \end{bmatrix} \quad \text{und} \quad \boldsymbol{m} = \begin{bmatrix} 1 \\ 1 \\ 0 \end{bmatrix}. \tag{2.16}$$

Will man im 2D-Fall die Werkstoffmatrix für den volumetrischen Anteil mit Hilfe des Kompressionsmoduls berechnen, so muss man beachten, dass durch die Reduktion vom $\mathbb{R}^3$ zum $\mathbb{R}^2$ ein Vorfaktor hinzukommt, es folgt die volumetrische Werkstoffmatrix für den 2D-Fall

$$\boldsymbol{C}_{\text{vol}} = \frac{3}{2(1+\nu)} K \boldsymbol{m}\boldsymbol{m}^{\text{T}}. \tag{2.17}$$

Alternativ kann der volumetrische Anteil auch berechnet werden mit

$$\boldsymbol{C}_{\text{vol}} = \boldsymbol{C} - \boldsymbol{C}_{\text{dev}}. \tag{2.18}$$

Die Aufteilung in volumetrisch und deviatorisch wird wichtig, wenn man die beiden Anteile unterschiedlich behandeln möchte. Am besten lassen sich die unterschiedlichen Wirkungen zwischen deviatorisch und volumetrisch an einem kleinen Beispiel mit der Werkstoffmatrix für den 2D-Fall veranschaulichen

$$\begin{bmatrix} \text{vol}+\text{dev} & \text{vol}-\text{dev} & 0 \\ \text{vol}-\text{dev} & \text{vol}+\text{dev} & 0 \\ 0 & 0 & \text{dev} \end{bmatrix} = \begin{bmatrix} \text{vol} & \text{vol} & 0 \\ \text{vol} & \text{vol} & 0 \\ 0 & 0 & 0 \end{bmatrix} + \begin{bmatrix} \text{dev} & -\text{dev} & 0 \\ -\text{dev} & \text{dev} & 0 \\ 0 & 0 & \text{dev} \end{bmatrix}. \tag{2.19}$$

Die Reduktion vom $\mathbb{R}^3$ zum $\mathbb{R}^2$ führt zu zwei unterschiedlichen Anwendungen, dem ebenen Verzerrungszustand (EVZ) und dem ebenen Spannungszustand (ESZ). Im EVZ trifft man die Annahme $\varepsilon_{\text{zz}} = 0$ und ermöglicht damit die Berechnung der Spannungen in z-Richtung in Abhängigkeit von den Spannungen in x- und y-Richtung

$$\sigma_{\text{zz}} = \nu(\sigma_{\text{xx}} + \sigma_{\text{yy}}) \tag{2.20}$$

Mit dieser Gleichung ist es dann möglich eine Materialmatrix $\boldsymbol{C}_{\text{EVZ}}$ aufzustellen, es folgt

$$\begin{bmatrix} \sigma_{\text{xx}} \\ \sigma_{\text{yy}} \\ \tau_{\text{xy}} \end{bmatrix} = \frac{E}{(1+\nu)(1-2\nu)} \begin{bmatrix} 1-\nu & \nu & 0 \\ \nu & 1-\nu & 0 \\ 0 & 0 & \frac{1-2\nu}{2} \end{bmatrix} \begin{bmatrix} \varepsilon_{\text{xx}} \\ \varepsilon_{\text{yy}} \\ \gamma_{\text{xy}} \end{bmatrix} \tag{2.21}$$

d.h. man berechnet

$$\boldsymbol{\sigma}_{\text{EVZ}} = \boldsymbol{C}_{\text{EVZ}}\boldsymbol{\varepsilon}_{\text{EVZ}}. \tag{2.22}$$

Wird die Annahme getroffen $\sigma_{\text{zz}} = 0$, bekommt man eine Gleichung für die Verzerrungen in z-Richtung

$$\varepsilon_{\text{zz}} = -\frac{\nu}{1-\nu}(\varepsilon_{\text{xx}} + \varepsilon_{\text{yy}}) \tag{2.23}$$

und damit die entsprechende Gleichung für den ebenen Spannungszustand

$$\begin{bmatrix} \sigma_{\text{xx}} \\ \sigma_{\text{yy}} \\ \tau_{\text{xy}} \end{bmatrix} = \frac{E}{(1-\nu^2)} \begin{bmatrix} 1 & \nu & 0 \\ \nu & 1 & 0 \\ 0 & 0 & \frac{1-\nu}{2} \end{bmatrix} \begin{bmatrix} \varepsilon_{\text{xx}} \\ \varepsilon_{\text{yy}} \\ \gamma_{\text{xy}} \end{bmatrix} \tag{2.24}$$

gleichbedeutend mit

$$\boldsymbol{\sigma}_{\text{ESZ}} = \boldsymbol{C}_{\text{ESZ}}\boldsymbol{\varepsilon}_{\text{ESZ}}. \tag{2.25}$$

Die Anwendungen EVZ und ESZ sind auf unterschiedlichen Intervallen definiert. Je nach Wahl der Poissonzahl wird beim dilatorischen (volumetrischen) Teil eine Teilung durch Null verursacht. Somit ist der ebene Verzerrungszustand auf dem Intervall $I \in (-1.0, 0.5)$ und der ebene Spannungszustand auf $I \in (-1.0, 1.0)$ definiert. Aus physikalischen Gründen ist eine Betrachtung des Bereichs über $\nu = 0.5$ nicht nötig, da dort bereits Inkompressibilität erreicht ist. Ein Werkstoff, der diesen Grenzwert erreicht, ist Gummi. Andere kompressible Medien, wie z.B. Beton ($\nu \approx 0.2$), Glas und Stahl ($\nu \approx 0.3$), haben eine positive Querkontraktion. Sogenannte auxetische Materialien, etwa bestimmte Carbonfasern, weisen auch negative Poissonzahlen auf. Setzt man die Querkontraktion auf Null (Kork ($\nu \approx 0$)), so bekommt man für beide Anwendungen, also für den ebenen Verzerrungszustand und den ebenen Spannungszustand, identische Materialmatrizen $\boldsymbol{C}_{\text{EVZ}} = \boldsymbol{C}_{\text{ESZ}}$.

2.4   Randwertproblem

Um ein Problem vernünftig zu formulieren, benötigt man Randbedingungen und je nachdem auch Übergangsbedingungen, also den Rahmen in dem das Problem gelöst werden soll. Wir formulieren ein Randwertproblem mit Kräfte- und Verschiebungsrandbedingungen.

Aus der Kräftegleichgewichtsbedingung (genauer aus $\operatorname{div}\hat{\boldsymbol{\sigma}}$) kann man mit Hilfe des allgemeinen Gaußschen[1] Integralsatzes folgende Beziehung ableiten

$$\int_{\Omega} \rho \operatorname{div}\hat{\boldsymbol{\sigma}} \, d\Omega = -\int_{\Omega} \hat{\boldsymbol{\sigma}} \cdot \operatorname{grad}\rho \, d\Omega + \int_{\Gamma_{\text{N}}} \rho\,\hat{\boldsymbol{\sigma}} \cdot \boldsymbol{n} \, d\Gamma_{\text{N}}, \tag{2.26}$$

---

[1]Gauss, Johann Carl Friedrich (1777 - 1855): *deutscher Mathematiker, Astronom, Geodät und Physiker*

dabei ist das Gebiet Ω der $\mathbb{R}^3$. Die Gewichtsfunktion ρ kann man z.B. als Dichtefunktion interpretieren. Wählt man diese als konstant (z.B. $\rho = 1$), folgt eine Gleichung, die den Rand des Gebiets $\Gamma = \partial\Omega$ beschreibt.

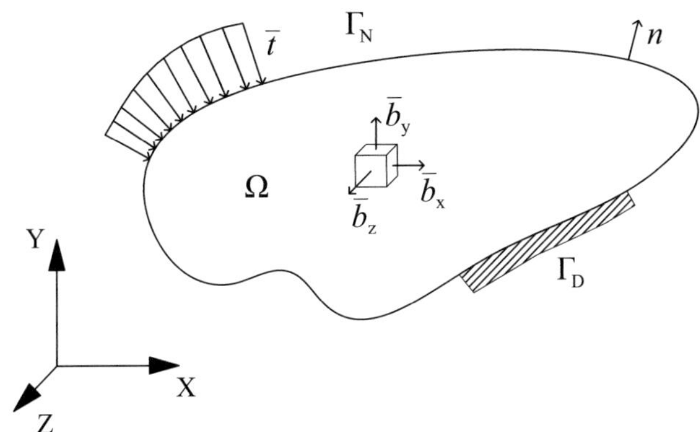

Abbildung 2.2: Gebiet mit Randbedingungen

Man erhält für den ersten Teil der rechten Seite

$$-\int_\Omega \hat{\boldsymbol{\sigma}} \cdot \operatorname{grad}\rho \, \mathrm{d}\Omega = 0 \quad \text{denn} \quad \operatorname{grad}\rho = 0 \tag{2.27}$$

und es folgt die Kräfterandbedingung

$$\int_\Omega \operatorname{div}\hat{\boldsymbol{\sigma}} \, \mathrm{d}\Omega = \int_{\Gamma_N} \hat{\boldsymbol{\sigma}} \cdot \boldsymbol{n} \, \mathrm{d}\Gamma_N = \int_{\Gamma_N} \boldsymbol{t} \, \mathrm{d}\Gamma_N, \tag{2.28}$$

dabei ist $\hat{\boldsymbol{\sigma}} \cdot \boldsymbol{n} = \boldsymbol{t}$ die Randlast auf dem Neumann[1]-Rand Γ_N, denn $\boldsymbol{n}$ ist der nach außen gerichtete Normalenvektor, wie in Abbildung 2.2 dargestellt. Wir verlangen, dass die Kräfte auf dem Neumann-Rand bekannt sind

$$\boldsymbol{t} = \bar{\boldsymbol{t}} \qquad \text{auf } \Gamma_N. \tag{2.29}$$

Zu beachten ist, dass der freie Rand, also ohne Randlasten, auch zum Neumann-Rand gehört, da gilt $\bar{\boldsymbol{t}} = \boldsymbol{0}$. Die zweite Randbedingung wird für den Dirichlet[2]-Rand Γ_D benötigt, da gilt

$$\boldsymbol{u} = \bar{\boldsymbol{u}} \qquad \text{auf } \Gamma_D. \tag{2.30}$$

---

[1]NEUMANN, Carl Gottfried (1832 - 1925): *deutscher Mathematiker*
[2]DIRICHLET, Johann Peter Gustav Lejeune (1805 - 1859): *deutscher Mathematiker*

Es wird also verlangt, dass die Verschiebungsrandbedingungen analog zu den Kräferand-bedingungen bekannt sein müssen.

Unter Anwendung sogenannter Lamé[1] Konstanten $\lambda = \frac{E\nu}{(1+\nu)(1-2\nu)}$ und $\mu = \frac{E}{2(1+\nu)} = G$ definiert man die Lamé-Naviersche[2] Verschiebungsdifferentialgleichung für den statischen Fall

$$-\boldsymbol{Lu} = -\left[\mu\,\Delta\boldsymbol{u} + (\mu + \lambda)\,\mathrm{grad}\,(\mathrm{div}\,\boldsymbol{u})\right] = \bar{\boldsymbol{b}}. \tag{2.31}$$

Mit den Randbedingungen und der Verschiebungsdifferentialgleichung kann abschließend das Randwertproblem formuliert werden. Finde eine zwiefach differenzierbare Funktion $\boldsymbol{u} \in C^2$, so dass die Differentialgleichung

$$-\boldsymbol{Lu} = \bar{\boldsymbol{b}} \qquad \text{in } \Omega \tag{2.32}$$

und die Randbedingungen

$$\boldsymbol{t} = \bar{\boldsymbol{t}} \quad \text{auf } \Gamma_\mathrm{N} \quad \text{und} \quad \boldsymbol{u} = \bar{\boldsymbol{u}} \quad \text{auf } \Gamma_\mathrm{D} \tag{2.33}$$

erfüllt sind.

---

[1] Lamé, Gabriel (1795 - 1870): *französischer Mathematiker und Physiker*
[2] Navier, Claude Louis Marie Henri (1785 - 1836): *französischer Mathematiker und Physiker*

3 Verschiebungsmethode

Die einfachste Methode Verschiebungen und Deformationen eines Körpers zu berechnen stellt die Verschiebungsmethode dar. Dies ist zugleich der Prototyp aller entwickelten Methoden. Hier werden die Verschiebungen als Unbekannte gesucht, um mit den ermittelten Verschiebungen dann auf die Dehnungen und damit auch auf die Spannungen im Inneren des Körpers schließen zu können.
Die im Folgenden beschriebenen Unterkapitel zur schwachen Form, Diskretisierung und Implementierung sind stets auf Elementebene definiert. Hinweise zur Assemblierung der Elementinformationen zum Gesamtgleichungssystem sind im Kapitel 7 enthalten.

3.1 Schwache Form der Verschiebungsmethode

Mit Hilfe der schwachen Form (äquivalent zu Variationsprinzipen) ist es erst möglich Finite Elemente zu berechnen. In dieser Gleichgewichtsformulierung wird ersichtlich, wie das gesamte Gleichungssystem für ein Problem aussieht und wie es demnach gelöst werden kann. Man erhält die schwache Form durch Multiplikation einer Testfunktion mit den zuvor formulierten Gleichungen. Bei der Verschiebungsmethode ist nur eine Gleichung 2.1 schwach zu erfüllen

$$\int_\Omega \operatorname{div} \hat{\boldsymbol{\sigma}} \cdot \delta\boldsymbol{u} \; \mathrm{d}\Omega + \int_\Omega \boldsymbol{b} \cdot \delta\boldsymbol{u} \; \mathrm{d}\Omega = 0, \tag{3.1}$$

nach Anwendung des Gaußschen Integralsatzes und der Voraussetzung, dass die Volumenlasten $\boldsymbol{b} = \bar{\boldsymbol{b}}$ bekannt sein sollen, bekommen wir

$$-\int_\Omega \hat{\boldsymbol{\sigma}} : \operatorname{grad} \delta\boldsymbol{u} \; \mathrm{d}\Omega + \int_{\Gamma_\mathrm{N}} \hat{\boldsymbol{\sigma}}\boldsymbol{n} \cdot \delta\boldsymbol{u} \; \mathrm{d}\Gamma_\mathrm{N} + \int_\Omega \bar{\boldsymbol{b}} \cdot \delta\boldsymbol{u} \; \mathrm{d}\Omega = 0. \tag{3.2}$$

Dabei ist $\operatorname{grad} \delta\boldsymbol{u} = \delta\boldsymbol{\varepsilon}$ die Testfunktion für die Verzerrungen und $\hat{\boldsymbol{\sigma}}\boldsymbol{n} = \bar{\boldsymbol{t}}$ der bekannte Randlastvektor. Berücksichtigt man außerdem, dass das Skalarprodukt zweier Vektoren definiert ist als $\boldsymbol{a} \cdot \boldsymbol{b} = \boldsymbol{b}^\mathrm{T}\boldsymbol{a}$, dann kann man das schwache Gleichgewicht folgendermaßen darstellen

$$-\int_\Omega \delta\boldsymbol{\varepsilon}^\mathrm{T}\boldsymbol{\sigma} \; \mathrm{d}\Omega + \int_{\Gamma_\mathrm{N}} \delta\boldsymbol{u}^T\bar{\boldsymbol{t}} \; \mathrm{d}\Gamma_\mathrm{N} + \int_\Omega \delta\boldsymbol{u}^\mathrm{T}\bar{\boldsymbol{b}} \; \mathrm{d}\Omega = 0. \tag{3.3}$$

Wie man sieht, ist lediglich das Kräftegleichgewicht, bestehend aus den inneren Spannungen $\boldsymbol{\sigma}$ und den äußeren Spannungen, verursacht durch Volumenlasten $\bar{\boldsymbol{b}}$ und Randlasten $\bar{\boldsymbol{t}}$, schwach erfüllt. Die Verschiebungs-RB für den Dirichlet-Rand wird weiterhin stark erfüllt.

Löst man die Gleichung weiter auf, indem man die Unbekannten auf die eine Seite der Gleichung schreibt und die Bekannten auf die andere, so erhält man mit den Grundgleichungen aus der Kinematik $\varepsilon = \boldsymbol{D}\boldsymbol{u}$ und dem Stoffgesetz $\boldsymbol{\sigma} = \boldsymbol{C}\boldsymbol{D}\boldsymbol{u}$ sowie der Rechenregel $(\boldsymbol{a}\,\boldsymbol{b})^{\mathrm{T}} = \boldsymbol{b}^{\mathrm{T}}\boldsymbol{a}^{\mathrm{T}}$ folgendes Ergebnis

$$\int_{\Omega} \delta\boldsymbol{u}^{\mathrm{T}}\boldsymbol{D}^{\mathrm{T}}\boldsymbol{C}\boldsymbol{D}\boldsymbol{u}\ \mathrm{d}\Omega = \int_{\Omega} \delta\boldsymbol{u}^{\mathrm{T}}\overline{\boldsymbol{b}}\ \mathrm{d}\Omega + \int_{\Gamma_{\mathrm{N}}} \delta\boldsymbol{u}^{\mathrm{T}}\overline{\boldsymbol{t}}\ \mathrm{d}\Gamma_{\mathrm{N}}. \tag{3.4}$$

Die Gleichung ist nun so umgeformt, dass die gesuchte Größe die Verschiebung $\boldsymbol{u}$ ist. Dieser Umstand ist namensgebend für die mit dieser schwachen Gleichgewichtsformulierung entwickelte Verschiebungsmethode.

3.2   Diskretisierung der Verschiebungsmethode

Bei der Diskretisierung mit Finiten Elementen wird ein Ansatz zur Approximierung der Feldgrößen und der Geometrie gewählt. Sind beide Ansätze gleich, so spricht man vom isoparametrischen Konzept. Wählt man lineare Ansätze, so lässt sich damit unter anderem ein 4-knotiges Scheibenelement mit den dazugehörigen Gaußpunkten (GP), also den für die spätere Implementation (Abschnitt 3.3) benötigten Integrationsstellen, definieren

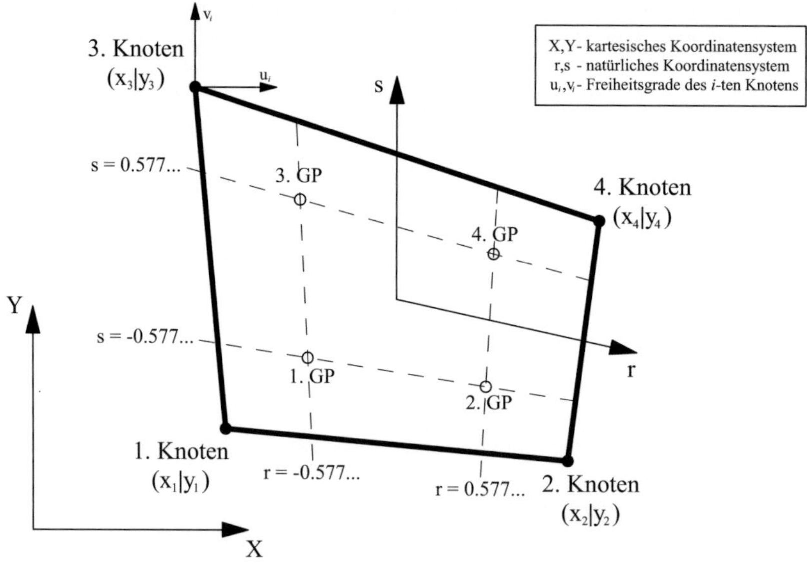

Abbildung 3.1: Dikretisierung eines verzerrten Flächenenelements im natürlichen KOS

Die in Abbildung 3.1 dargestellte Knotenanordnung wählen wir so, damit eine möglichst einfache, konsequente und auf andere Elemente erweiterbare Implementation erfolgen kann.

Die Verschiebungsfunktion (Feldgröße) $\boldsymbol{u}$ wird durch eine Verschiebungsinterpolationsmatrix $\boldsymbol{H}_u$ im Allgemeinen wie folgt approximiert

$$\boldsymbol{u} \approx \boldsymbol{u}_h = \boldsymbol{H}_u \, \widetilde{\boldsymbol{u}}. \tag{3.5}$$

Für ein Scheibenelement (2D), dass mit einem 4-knotigen Ansatz approximiert werden soll, folgt demnach

$$\begin{bmatrix} \boldsymbol{u}_1 \\ \boldsymbol{u}_2 \\ \boldsymbol{u}_3 \\ \boldsymbol{u}_4 \end{bmatrix} \approx \begin{bmatrix} \boldsymbol{u}_{h;1} \\ \boldsymbol{u}_{h;2} \\ \boldsymbol{u}_{h;3} \\ \boldsymbol{u}_{h;4} \end{bmatrix} = \boldsymbol{H}_u \begin{bmatrix} \widetilde{\boldsymbol{u}}_1 \\ \widetilde{\boldsymbol{u}}_2 \\ \widetilde{\boldsymbol{u}}_3 \\ \widetilde{\boldsymbol{u}}_4 \end{bmatrix} \quad \text{mit} \quad \boldsymbol{u}_i = \begin{bmatrix} u_{i;x} \\ u_{i;y} \end{bmatrix} \quad \text{für } i = 1, 2, 3, 4. \tag{3.6}$$

Die Verschiebungsinterpolationsmatrix hat dann die Gestalt

$$\boldsymbol{H}_u = \begin{bmatrix} \boldsymbol{H}_1 & \boldsymbol{H}_2 & \boldsymbol{H}_3 & \boldsymbol{H}_4 \end{bmatrix} \quad \text{mit} \quad \boldsymbol{H}_i = \begin{bmatrix} h_i & 0 \\ 0 & h_i \end{bmatrix} \quad \text{für } i = 1, 2, 3, 4. \tag{3.7}$$

Die Ansatzfunktionen h_i definiert man für jeden Knoten im Referenzgebiet durch Lagrange-Polynome. Wir bilden lineare Polynome für jede Koordinatenrichtung. Unser vierknotiges Flächenelement ist somit bilinear. Es besitzt folgende Ansätze

$$\begin{aligned} h_1 &= \frac{1}{4}(1 - \mathrm{r})(1 - \mathrm{s}), \quad h_2 = \frac{1}{4}(1 + \mathrm{r})(1 - \mathrm{s}), \\ h_3 &= \frac{1}{4}(1 - \mathrm{r})(1 + \mathrm{s}), \quad h_4 = \frac{1}{4}(1 + \mathrm{r})(1 + \mathrm{s}). \end{aligned} \tag{3.8}$$

Der Ansatzvektor sei definiert mit

$$\boldsymbol{h} = \begin{bmatrix} h_1 & h_2 & h_3 & h_4 \end{bmatrix}. \tag{3.9}$$

Daraus lässt sich die Verschiebungsinterpolationsmatrix für den zweidimensionalen Fall ableiten

$$\boldsymbol{H}_u = \begin{bmatrix} h_1 & 0 & h_2 & 0 & h_3 & 0 & h_4 & 0 \\ 0 & h_1 & 0 & h_2 & 0 & h_3 & 0 & h_4 \end{bmatrix}. \tag{3.10}$$

Als nächstes müssen wir die Dehnungen bzw. Verzerrungen $\boldsymbol{\varepsilon}$ und die Spannungen $\boldsymbol{\sigma}$ approximieren, diese sind bei der Verschiebungsmethode abhängig von den Verschiebungen, wie man bei der schwachen Form sehen kann. Das bedeutet, dass wir die Verzerrungen und Spannungen direkt aus den Grundgleichungen entnehmen können

$$\boldsymbol{\varepsilon} = \boldsymbol{D}\boldsymbol{u} \approx \boldsymbol{D}\boldsymbol{u}_h = \boldsymbol{D}\boldsymbol{H}_u \widetilde{\boldsymbol{u}} = \boldsymbol{B}_u \widetilde{\boldsymbol{u}},$$

$$\boldsymbol{\sigma} = \boldsymbol{C}\boldsymbol{\varepsilon} = \boldsymbol{C}\boldsymbol{D}\boldsymbol{u} \approx \boldsymbol{C}\boldsymbol{D}\boldsymbol{u}_h = \boldsymbol{C}\boldsymbol{D}\boldsymbol{H}_u \widetilde{\boldsymbol{u}} = \boldsymbol{C}\boldsymbol{B}_u \widetilde{\boldsymbol{u}}. \tag{3.11}$$

Dafür benötigen wir analog zur Verschiebungsinterpolationsmatrix eine Verzerrungs-Verschiebungsmatrix $\boldsymbol{B}_u = \boldsymbol{D}\boldsymbol{H}_u$. Der Differentialoperator $\boldsymbol{D}$ steht formal für die Differentiation der $\boldsymbol{H}_u$-Matrix nach den kartesischen Koordinaten x und y. Die Ansatzfunktionen sind jedoch alle im Referenzgebiet für die natürlichen Koordinaten r und s definiert. Die partiellen Ableitungen sind

$$
\begin{aligned}
h_{1,r} &= -\frac{1}{4}(1-s), & h_{1,s} &= -\frac{1}{4}(1-r), \\
h_{2,r} &= \frac{1}{4}(1-s), & h_{2,s} &= -\frac{1}{4}(1+r), \\
h_{3,r} &= -\frac{1}{4}(1+s), & h_{3,s} &= \frac{1}{4}(1-r), \\
h_{4,r} &= \frac{1}{4}(1+s), & h_{4,s} &= \frac{1}{4}(1+r).
\end{aligned}
\tag{3.12}
$$

Nun müssen wir eine Transformation durchführen. Die Kettenregel besagt

$$
\frac{\partial(*)}{\partial \boldsymbol{R}} = \frac{\partial \boldsymbol{X}}{\partial \boldsymbol{R}}\frac{\partial(*)}{\partial \boldsymbol{X}}
\tag{3.13}
$$

mit $\frac{\partial \boldsymbol{X}}{\partial \boldsymbol{R}}$ als Jacobi[1]-Matrix. Diese lässt sich folgendermaßen berechnen

$$
\boldsymbol{J}^{\mathrm{T}} = \frac{\partial \boldsymbol{X}}{\partial \boldsymbol{R}} = \begin{bmatrix} X_r & Y_r \\ X_s & Y_s \end{bmatrix} = \begin{bmatrix} h_{1,r} & h_{2,r} & h_{3,r} & h_{4,r} \\ h_{1,s} & h_{2,s} & h_{3,s} & h_{4,s} \end{bmatrix} \begin{bmatrix} x_1 & y_1 \\ x_2 & y_2 \\ x_3 & y_3 \\ x_4 & y_4 \end{bmatrix}.
\tag{3.14}
$$

Wir können nun die Ableitungen vom Ansatzvektor $\boldsymbol{h}$ (Gleichung 3.9) im Referenzgebiet ins kartesische Koordinatensystem transformieren

$$
\frac{\partial \boldsymbol{h}}{\partial \boldsymbol{R}} = \boldsymbol{J}^{\mathrm{T}}\frac{\partial \boldsymbol{h}}{\partial \boldsymbol{X}} \quad \Leftrightarrow \quad \frac{\partial \boldsymbol{h}}{\partial \boldsymbol{X}} = \boldsymbol{J}^{-\mathrm{T}}\frac{\partial \boldsymbol{h}}{\partial \boldsymbol{R}} \, .
\tag{3.15}
$$

Die transformierten Ansatzfunktionen bekommt man demzufolge mit

$$
\begin{bmatrix} h_{1,x} & h_{2,x} & h_{3,x} & h_{4,x} \\ h_{1,y} & h_{2,y} & h_{3,y} & h_{4,y} \end{bmatrix} = \boldsymbol{J}^{-\mathrm{T}} \begin{bmatrix} h_{1,r} & h_{2,r} & h_{3,r} & h_{4,r} \\ h_{1,s} & h_{2,s} & h_{3,s} & h_{4,s} \end{bmatrix}.
\tag{3.16}
$$

Mit den gewonnenen Ansatzfunktionen abgeleitet nach den kartesischen Koordinaten x und y lässt sich die benötigte Verzerrungs-Verschiebungsmatrix hinschreiben

$$
\begin{aligned}
\boldsymbol{B}_u = \boldsymbol{D}\boldsymbol{H}_u &= \begin{bmatrix} \partial_x & 0 \\ 0 & \partial_y \\ \partial_y & \partial_x \end{bmatrix} \left[\begin{array}{cc|cc|cc|cc} h_1 & 0 & h_2 & 0 & h_3 & 0 & h_4 & 0 \\ 0 & h_1 & 0 & h_2 & 0 & h_3 & 0 & h_4 \end{array} \right] \\[2ex]
&= \left[\begin{array}{cc|cc|cc|cc} h_{1,x} & 0 & h_{2,x} & 0 & h_{3,x} & 0 & h_{4,x} & 0 \\ 0 & h_{1,y} & 0 & h_{2,y} & 0 & h_{3,y} & 0 & h_{4,y} \\ h_{1,y} & h_{1,x} & h_{2,y} & h_{2,x} & h_{3,y} & h_{3,x} & h_{4,y} & h_{4,x} \end{array} \right].
\end{aligned}
\tag{3.17}
$$

---

[1] Jacobi, Carl Gustav Jacob (1804 - 1851): *deutscher Mathematiker*

Die hergeleiteten Operatoren kann man nun in die schwache Form einsetzen, um diese schließlich in ein Gleichungssystem zu überführen.

3.3 Implementierung der Verschiebungsmethode

Die Implementierung der Verschiebungsmethode kann nun mit der schwachen Form und der Diskretisierung durchgeführt werden. Wir verwenden die Approximation der Verschiebungen $\boldsymbol{H}_u\,\widetilde{\boldsymbol{u}}$ und erhalten aus der schwachen Form (Gleichung 3.4) folglich

$$\int_\Omega \delta\widetilde{\boldsymbol{u}}^{\mathrm{T}}\boldsymbol{H}_u^{\mathrm{T}}\boldsymbol{D}^{\mathrm{T}}\boldsymbol{C}\boldsymbol{D}\boldsymbol{H}_u\,\widetilde{\boldsymbol{u}}\,\mathrm{d}\Omega = \int_\Omega \delta\widetilde{\boldsymbol{u}}^{\mathrm{T}}\boldsymbol{H}_u^{\mathrm{T}}\overline{\boldsymbol{b}}\,\mathrm{d}\Omega + \int_{\Gamma_{\mathrm{N}}} \delta\widetilde{\boldsymbol{u}}^{\mathrm{T}}\boldsymbol{H}_u^{\mathrm{T}}\overline{\boldsymbol{t}}\,\mathrm{d}\Gamma_{\mathrm{N}}. \tag{3.18}$$

Anschließend benutzen wir die Verzerrungs-Verschiebungsmatrix $\boldsymbol{B}_u = \boldsymbol{D}\boldsymbol{H}_u$ und klammern die nun vom Integrationsgebiet unabhängigen Verschiebungen aus, so bekommen wir das folgende Ergebnis

$$\delta\widetilde{\boldsymbol{u}}^{\mathrm{T}}\left(\int_\Omega \boldsymbol{B}_u^{\mathrm{T}}\boldsymbol{C}\boldsymbol{B}_u\,\mathrm{d}\Omega\,\widetilde{\boldsymbol{u}}\right) = \delta\widetilde{\boldsymbol{u}}^{\mathrm{T}}\left(\int_\Omega \boldsymbol{H}_u^{\mathrm{T}}\overline{\boldsymbol{b}}\,\mathrm{d}\Omega + \int_{\Gamma_{\mathrm{N}}} \boldsymbol{H}_u^{\mathrm{T}}\overline{\boldsymbol{t}}\,\mathrm{d}\Gamma_{\mathrm{N}}\right). \tag{3.19}$$

Die Testfunktion $\delta\widetilde{\boldsymbol{u}}$ soll nach Voraussetzung beliebig sein und übrig bleibt das erstrebte Gleichungssystem, das zur Berechnung der unbekannten Verschiebungen zu lösen ist. Es besteht in diesem Fall aus nur einer Gleichung und bedarf daher keiner statischen Kondensation

$$\left[\,\boldsymbol{K}\,\right]\left[\,\widetilde{\boldsymbol{u}}\,\right] = \left[\,\boldsymbol{f}\,\right] \tag{3.20}$$

mit

$$\begin{aligned}\boldsymbol{K} &= \int_\Omega \boldsymbol{B}_u^{\mathrm{T}}\boldsymbol{C}\boldsymbol{B}_u\,\mathrm{d}\Omega & \boldsymbol{K} &\in \mathbb{R}^{8\times 8}, \\[2mm] \boldsymbol{f} &= \int_\Omega \boldsymbol{H}_u^{\mathrm{T}}\overline{\boldsymbol{b}}\,\mathrm{d}\Omega + \int_{\Gamma_{\mathrm{N}}} \boldsymbol{H}_u^{\mathrm{T}}\overline{\boldsymbol{t}}\,\mathrm{d}\Gamma_{\mathrm{N}} & \boldsymbol{f} &\in \mathbb{R}^{8\times 1}.\end{aligned} \tag{3.21}$$

3.4 Untersuchung zur Querkontraktion mit der Verschiebungsmethode

Wenn man mit der Verschiebungsmethode versucht nahezu inkompressible Materialien zu berechnen, erkennt man, dass hier ein Versteifungseffekt auftritt. Dies soll an einem Beispiel verdeutlicht werden. Wir betrachten einen links eingespannten Kragarm mit den Abmessungen $200 \times 10 \times 20$ ($l \times b \times h$) und einer Streckenlast $q = 0.5\left[\frac{kN}{cm}\right]$.

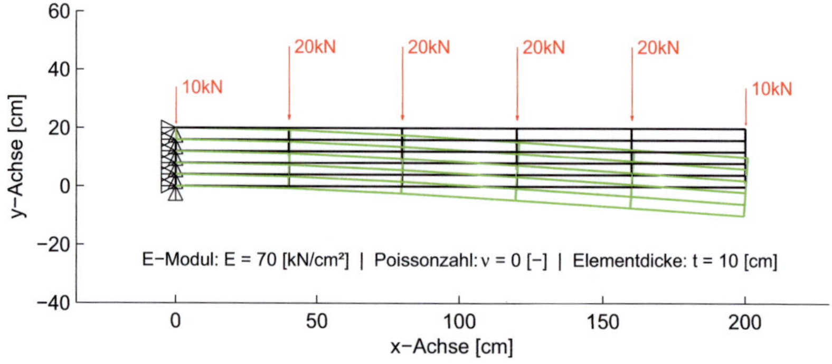

Abbildung 3.2: Kragbalken Modell mit Verschiebungsfigur

Als Referenz wird die analytische Lösung für die maximale Durchbiegung aus der Balkentheorie benutzt, sie beträgt $\frac{ql^4}{8EI} = -214.29[cm]$. Die Berechnung mit einer äquivalenten Problemformulierung als Scheibe für 50×50 Elemente und Querkontraktion $\nu = 0$ liefert aufgrund identischer Materialmatrizen ($\boldsymbol{C}_{\text{EVZ}} = \boldsymbol{C}_{\text{ESZ}}$), wie beim Werkstoffgesetz bereits festgestellt wurde, sowohl für den ebenen Verzerrungszustand (EVZ) als auch für den ebenen Spannungszustand (ESZ) $u_{\min} = -211.79[cm]$. Das Ergebnis wird somit gut angenähert. Als Nächstes schauen wir uns die ganze Bandbreite der möglichen Poissonzahlen an, für die die Anwendungen definiert sind.

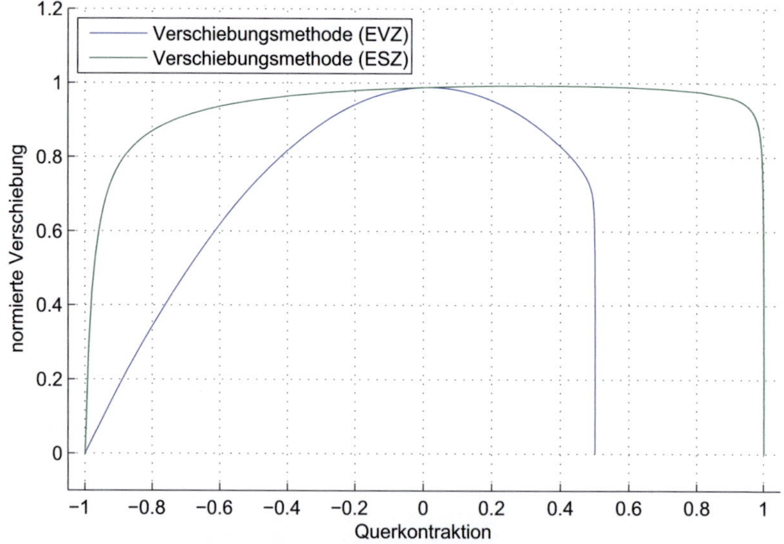

Abbildung 3.3: Versteifungseffekt bei der Verschiebungsmethode

Querk.	EVZ	ESZ
0.40000	-177.50	-212.69
0.45000	-166.65	-212.58
0.49000	-151.25	-212.45
0.49900	-121.35	-212.41
0.49990	-58.765	-212.41
0.49999	-12.703	-212.41
0.50000	0	-212.41
Referenz	-214.29	

In der obigen Abbildung wird das ganze Intervall dargestellt und im Folgenden aus rein theoretischer Sicht diskutiert. Damit kann der Unterschied zwischen den beiden Anwendungen EVZ und ESZ deutlich hervorgehoben werden und man kann einen Gesamtüberblick zu den Veränderungen zwischen der Verschiebungsmethode und den beiden nachfolgenden betrachteten gemischten Methoden (Kapitel 5 und 6) erlangen. Wenn auch aus physikalischer Sicht eine Querkontraktion über 0.5 nicht möglich ist und negative Werte eine Seltenheit darstellen.

Beim Werkstoffgesetz (Kapitel 2.3) wurde festgestellt, dass der kritische Parameter ν für beide Anwendungen unterschiedliche Grenzwerte besitzt, dies ist nun deutlich am obigen Diagramm ablesbar. Nur in den dargestellten Intervallen

$$\begin{aligned}
\nu \in (-1.0, 0.5) \qquad &\text{für EVZ,} \\
\nu \in (-1.0, 1.0) \qquad &\text{für ESZ,}
\end{aligned} \qquad (3.22)$$

ist Stetigkeit gegeben, darüber hinaus kommt es zu Unstetigkeiten. Die Lösung mit der Verschiebungsmethode im EVZ ähnelt einer Parabel die im Intervall $[-1, 1]$ definiert ist, sie ist rechts abgeschnitten, da dort der unstetige Bereich beginnt. Wie in der Tabelle zu sehen ist, verschlechtern sich die Ergebnisse rapide für $\nu \to 0.5$, also für Annäherung an Inkopressibilität. Gleichzeitig bleiben die Ergebnisse für den ESZ stabil und zeigen in diesem Bereich keinerlei Versteifungseffekte. Nähert man sich bei dieser zweiten Anwendung jedoch an die Querkontraktion $\nu = 1.0$, welche aus naturgesetzlichen Gründen nur eine theoretische Zahl ist, fällt auch hier das Lösungsergebnis auf Null. Wichtig ist hier die Erkenntnis, dass man im ebenen Spannungszustand selbst bei $\nu = 0.5$ ein gutes Ergebnis bekommt. Es ist also damit möglich sogar inkompressible Medien zu berechnen.

4 Locking

Locking ist ein Phänomen, das als Verschlechterung eines Konvergenzverhaltens aufgrund eines Parameters, der einem Grenzwert angenähert wird, beschrieben werden kann. Es gibt unterschiedliche Arten von Locking, wir betrachten für Scheibenprobleme Versteifungseffekte, die durch geometrische oder materielle Parameter verursacht werden können.

Art	Bezeichnung	Ursache
geometrisch	Schub-Locking	Seitenverhältnis des Elements
materiell	volumetrisches Locking	Kompressionsmodul (Poissonzahl)

Im wesentlichen sind zweidimensionale Flächentragwerke nur durch zwei Locking-Phänomene, das Schub-Locking und das volumetrische Locking, geprägt. Diese Phänomene werden unter anderem in der Arbeit von KOSCHNICK [6] gut aufbereitet und beschrieben. Schubversteifungseffekte treten auf, wenn ein Element bestimmte Seitenverhältnisse (Geometrien) aufweist. So führen verzerrte Geometrien zu Versteifungen des Systems und damit zu einer schlechten Approximation für ein exaktes Ergebnis. Beachtet man die Devise stets eine gute Vernetzung, d.h. möglichst quadratförmige Elemente, zu generieren, kann man Schub-Locking-Effekte weitestgehend vermeiden. Das volumetrische Locking wird durch einen materiellen Parameter verursacht, die Poissonzahl. Sie spielt eine wichtige Rolle beim dilatorischen (volumetrischen) Anteil der Verzerrungen und somit auch bei den Normalspannungen. Der Kompressionsmodul $K = \frac{E}{3(1-2\nu)}$ strebt gegen unendlich, wenn die Querkontraktion ν den Grenzwert 0.5 erreicht. Wichtig wird dieser Fall in allgemeiner 3D-Formulierung und in der Anwendung des ebenen Verzerrungszustandes bei zweidimensionaler Formulierung (vergleiche Stoffgesetzgleichungen 2.11 und 2.21). Im ebenen Spannungszustand (Gleichung 2.24) wird erst bei einer theoretischen Querkontraktion $\nu = 1.0$ (siehe 3.3) ein kritischer Grenzwert erreicht. Aus diesem Grund besitzt der ebene Spannungszustand für den Fall des volumetrischen Lockings keine Relevanz.

Sobald Locking auftritt stehen verschiedene Möglichkeiten zur Verfügung brauchbare Ergebnisse zu erzielen. Die einfachste Möglichkeit ist eine Verfeinerung des Netzes durch Erhöhung der Elementanzahl. Dies kann jedoch zu einem Rechenaufwand führen, der je nach Problemstellung die zur Verfügung stehenden Kapazitäten übersteigen kann. Eine andere Möglichkeit bietet sich in der Idee der gemischten Elementformulierungen, also Zwei- bzw. Drei-Feld-Methoden. Bei gemischten Elementmethoden sind mehrere Unbekannte gleichzeitig gesucht, was zunächst einen höheren Aufwand bedeutet. Dafür werden neben der Kräftegleichgewichtsbedingung, wie es bei der Verschiebungsmethode der Fall ist, weitere Forderungen gestellt und in der schwachen Form formuliert. Bei der Implementierung des Elementgleichungssystems findet eine statische Kondensation auf Elementebene statt, die es ermöglicht, obwohl mehrere Unbekannte gleichzeitig gesucht werden, die Größe des Gesamtgleichungssystems nicht erhöhen zu müssen und somit den Rechenaufwand in Grenzen zu halten. Der Vorteil beim Verwenden von gemischten Elementformulierungen liegt darin, dass es mit diesem Vorgehen möglich ist Locking-freie Elemente zu konstruieren, die selbst bei grobem Netz eine gute Näherung für das exakte Ergebnis bieten. So schafft man es den Rechenaufwand im Vergleich zum Einsatz eines feinen Netzes in erheblichem Umfang zu senken. In den nachstehenden Kapiteln 5 und 6 werden zwei sehr bekannte Spezialfälle der gemischten Methoden besprochen und bewertet.

Ausführliche Tests und Veranschaulichungen zu den Versteifungsphänomenen können den numerischen Untersuchungen in Kapitel 8 entnommen werden.

5 B-bar Methode

Eine sehr bekannte dreifeldrige Elementformulierung stellt die B-bar Methode ($\bar{B}$-Methode) dar. In Anlehnung an NAGTEGAAL, PARKS UND RICE [8] werden hier neben den Verschiebungen noch die volumetrische Dehnung und der daraus resultierende Druck gesucht. Der volumetrische (dilatorische) und der deviatorische Anteil der Dehnungen und damit auch der Spannungen werden getrennt, weil der volumetrische Anteil derjengige ist, der die volumetrische Versteifung verursacht. Dieser wird bei der B-bar Methode gemittelt. Die Aufteilung in dilatorisch und deviatorisch wird unter anderem in der Arbeit von HUGHES [5] beschrieben.

5.1 Schwache Form der B-bar Methode

Die Gleichgewichtsformulierung bei der $\bar{B}$-Methode zeichnet sich wegen der Dreifeldrigkeit dadurch aus, dass hier die Verschiebungen, der Druck und die volumetrische Dehnung in separaten Gleichungen betrachtet werden. Aus der Verschiebungsmethode (Gleichung 3.3) ist das schwache Gleichgewicht bekannt mit

$$-\int_\Omega \delta\boldsymbol{\varepsilon}^{\mathrm{T}}\boldsymbol{\sigma}\ \mathrm{d}\Omega + \int_{\Gamma_{\mathrm{N}}} \delta\boldsymbol{u}^{\mathrm{T}}\bar{\boldsymbol{t}}\ \mathrm{d}\Gamma_{\mathrm{N}} + \int_\Omega \delta\boldsymbol{u}^{\mathrm{T}}\bar{\boldsymbol{b}}\ \mathrm{d}\Omega = 0. \tag{5.1}$$

Nun wird die innere Spannung in einen deviatorischen $\boldsymbol{\sigma}_{\mathrm{dev}}$ und volumetrischen Teil $\boldsymbol{\sigma}_{\mathrm{vol}}$ zerlegt

$$\int_\Omega \delta\boldsymbol{\varepsilon}^{\mathrm{T}}\boldsymbol{\sigma}\ \mathrm{d}\Omega = \int_\Omega \delta\boldsymbol{\varepsilon}^{\mathrm{T}}\boldsymbol{\sigma}_{\mathrm{dev}}\ \mathrm{d}\Omega + \int_\Omega \delta\boldsymbol{\varepsilon}^{\mathrm{T}}\boldsymbol{\sigma}_{\mathrm{vol}}\ \mathrm{d}\Omega \tag{5.2}$$

und man bekommt

$$-\int_\Omega \delta\boldsymbol{\varepsilon}^{\mathrm{T}}\boldsymbol{\sigma}_{\mathrm{dev}}\ \mathrm{d}\Omega - \int_\Omega \delta\boldsymbol{\varepsilon}^{\mathrm{T}}\boldsymbol{\sigma}_{\mathrm{vol}}\ \mathrm{d}\Omega + \int_{\Gamma_{\mathrm{N}}} \delta\boldsymbol{u}^{\mathrm{T}}\bar{\boldsymbol{t}}\ \mathrm{d}\Gamma_{\mathrm{N}} + \int_\Omega \delta\boldsymbol{u}^{\mathrm{T}}\bar{\boldsymbol{b}}\ \mathrm{d}\Omega = 0. \tag{5.3}$$

Den deviatorischen Anteil der Spannungen erhält man durch das Herausfiltern des volumetrischen Anteils in der Werkstoffmatrix, wie im Werkstoffgesetz (Kapitel 2.3) beschrieben. D.h. wir ändern die Grundgleichung $\boldsymbol{\sigma} = \boldsymbol{C}\boldsymbol{\varepsilon}$ in $\boldsymbol{\sigma}_{\mathrm{dev}} = \boldsymbol{C}_{\mathrm{dev}}\,\boldsymbol{\varepsilon}$ ab. Der volumetrische Anteil der Spannungen $\boldsymbol{\sigma}_{\mathrm{vol}}$ wird, wie schon erwähnt, gemittelt und damit als in alle Richtungen gleich betrachtet. Man definiert den allseitigen Druck

$$
\begin{aligned}
p &= \tfrac{1}{3}\boldsymbol{m}^{\mathrm{T}}\boldsymbol{\sigma} = \tfrac{1}{3}(\sigma_{\mathrm{xx}} + \sigma_{\mathrm{yy}} + \sigma_{\mathrm{zz}}) \qquad &&\text{im}\ \ \mathbb{R}^3, \\[2mm]
p &= \tfrac{1}{2}\boldsymbol{m}^{\mathrm{T}}\boldsymbol{\sigma} = \tfrac{1}{2}(\sigma_{\mathrm{xx}} + \sigma_{\mathrm{yy}}) \qquad &&\text{im}\ \ \mathbb{R}^2.
\end{aligned}
\tag{5.4}
$$

Durch den Druck und den Hilfsvektor $\boldsymbol{m}$ (siehe Gleichung 2.15 bzw. 2.16) lässt sich die volumetrische Spannung $\boldsymbol{\sigma}_{\mathrm{vol}} = \boldsymbol{m}p$ darstellen.

Mit den Substitutionen $\boldsymbol{\sigma}_{\mathrm{dev}} = \boldsymbol{C}_{\mathrm{dev}}\,\boldsymbol{\varepsilon}$ und $\boldsymbol{\sigma}_{\mathrm{vol}} = \boldsymbol{m}p$ kann man folglich die Gleichgewichtsbedingung (Gleichung 5.3) abändern in

$$-\int_\Omega \delta\boldsymbol{\varepsilon}^{\mathrm{T}}\boldsymbol{C}_{\mathrm{dev}}\,\boldsymbol{\varepsilon}\ \mathrm{d}\Omega - \int_\Omega \delta\boldsymbol{\varepsilon}^{\mathrm{T}}\boldsymbol{m}p\ \mathrm{d}\Omega + \int_{\Gamma_{\mathrm{N}}} \delta\boldsymbol{u}^{\mathrm{T}}\bar{\boldsymbol{t}}\ \mathrm{d}\Gamma_{\mathrm{N}} + \int_\Omega \delta\boldsymbol{u}^{\mathrm{T}}\bar{\boldsymbol{b}}\ \mathrm{d}\Omega = 0. \qquad (5.5)$$

Damit ist das schwache Gleichgewicht zwischen den inneren und äußeren Spannungen klar. Zu formulieren gilt noch die schwache Form für die volumetrischen Dehnungen

$$-\boldsymbol{m}^{\mathrm{T}}\boldsymbol{\varepsilon} + \varepsilon_{\mathrm{vol}} = 0 \qquad (5.6)$$

und den Druck

$$-K\varepsilon_{\mathrm{vol}} + p = 0, \qquad (5.7)$$

beides sind skalare Größen. Die Gleichungen integrieren wir nun genauso wie bei der schwachen Form für die Verschiebungsmethode über das Gebiet Ω und multiplizieren sie mit den entsprechenden Testfunktionen δp und $\delta\varepsilon_{\mathrm{vol}}$

$$\begin{aligned}
-\int_\Omega \delta p\ \boldsymbol{m}^{\mathrm{T}}\boldsymbol{\varepsilon}\ \mathrm{d}\Omega + \int_\Omega \delta p\ \varepsilon_{\mathrm{vol}}\ \mathrm{d}\Omega &= 0,\\
-\int_\Omega \delta\varepsilon_{\mathrm{vol}} K\varepsilon_{\mathrm{vol}}\ \mathrm{d}\Omega + \int_\Omega \delta\varepsilon_{\mathrm{vol}} p\ \mathrm{d}\Omega &= 0.
\end{aligned} \qquad (5.8)$$

Als letzten Schritt nutzen wir noch die Kinematik $\boldsymbol{\varepsilon} = \boldsymbol{D}\boldsymbol{u}$ aus und schreiben die unbekannten Größen auf die linke und die bekannten auf die rechte Seite der Gleichung, um schließlich folgende Form zu bekommen

$$\begin{aligned}
\int_\Omega \delta\boldsymbol{u}^{\mathrm{T}}\boldsymbol{D}^{\mathrm{T}}\boldsymbol{C}_{\mathrm{dev}}\boldsymbol{D}\boldsymbol{u}\ \mathrm{d}\Omega + \int_\Omega \delta\boldsymbol{u}^{\mathrm{T}}\boldsymbol{D}^{\mathrm{T}}\boldsymbol{m}p\ \mathrm{d}\Omega &= \int_\Omega \delta\boldsymbol{u}^{\mathrm{T}}\bar{\boldsymbol{b}}\ \mathrm{d}\Omega + \int_{\Gamma_{\mathrm{N}}} \delta\boldsymbol{u}^{\mathrm{T}}\bar{\boldsymbol{t}}\ \mathrm{d}\Gamma_{\mathrm{N}},\\
\int_\Omega \delta p\ \boldsymbol{m}^{\mathrm{T}}\boldsymbol{D}\boldsymbol{u}\ \mathrm{d}\Omega - \int_\Omega \delta p\ \varepsilon_{\mathrm{vol}}\ \mathrm{d}\Omega &= 0,\\
\int_\Omega \delta\varepsilon_{\mathrm{vol}} K\varepsilon_{\mathrm{vol}}\ \mathrm{d}\Omega - \int_\Omega \delta\varepsilon_{\mathrm{vol}} p\ \mathrm{d}\Omega &= 0.
\end{aligned} \qquad (5.9)$$

Nachdem wir die schwache Form für alle drei Gleichungen aufgestellt haben, können wir die Diskretisierung durchführen.

5.2   Diskretisierung der B-bar Methode

Bei der Diskretisierung der $\bar{B}$-Methode muss man, wie in der schwachen Form ersichtlich geworden ist, drei von einander unabhängigen Feldgrößen $(\boldsymbol{u}, p, \varepsilon_{\mathrm{vol}})$ approximieren. Die

Verschiebungsfunktion $\boldsymbol{u}$ wird analog zur Verschiebungsmethode (vergleiche Gleichungen 3.5 bis 3.10) durch die selbe Verschiebungsinterpolationsmatrix $\boldsymbol{H}_u$ angenähert

$$\boldsymbol{u} \approx \boldsymbol{u}_h = \boldsymbol{H}_u\,\widetilde{\boldsymbol{u}}. \tag{5.10}$$

Wir ergänzen die Approximationen für den Druck und die volumetrischen Dehnungen

$$p \approx p_h = H_p\,\widetilde{p},$$

$$\varepsilon_{\mathrm{vol}} \approx \varepsilon_{\mathrm{vol};h} = H_{\mathrm{vol}}\,\widetilde{\varepsilon}_{\mathrm{vol}}\,. \tag{5.11}$$

Beide Größen sind für das betrachtete Element gemittelt. Das bedeutet, man muss Ansätze wählen, die mindestens einen Grad niedriger sind als die Verschiebungsansätze. Bei linearen Ansätzen bedeutet dies, dass statt einer 2×2 Gauß-Integration eine reduzierte Integration nur für den Mittelpunkt des Elements erfolgen muss. Für unser linear interpoliertes Element ist es also notwendig sowohl für den Druck p als auch für die volumetrische Dehnung $\varepsilon_{\mathrm{vol}}$ konstante Ansätze zu wählen, für die Scheibe folgt demnach

$$H_p = 1,$$

$$H_{\mathrm{vol}} = 1. \tag{5.12}$$

Die Verzerrungen ε und die Spannungen $\boldsymbol{\sigma}$ approximieren wir genauso wie die Verschiebungen mit den hergeleiteten Operatoren aus der Verschiebungsmethode. Wir wählen also analog

$$\varepsilon = \boldsymbol{D}\boldsymbol{u} \approx \boldsymbol{D}\boldsymbol{u}_h = \boldsymbol{D}\boldsymbol{H}_u\,\widetilde{\boldsymbol{u}} = \boldsymbol{B}_u\,\widetilde{\boldsymbol{u}},$$

$$\boldsymbol{\sigma} = \boldsymbol{C}\varepsilon = \boldsymbol{C}\boldsymbol{D}\boldsymbol{u} \approx \boldsymbol{C}\boldsymbol{D}\boldsymbol{u}_h = \boldsymbol{C}\boldsymbol{D}\boldsymbol{H}_u\,\widetilde{\boldsymbol{u}} = \boldsymbol{C}\boldsymbol{B}_u\,\widetilde{\boldsymbol{u}}. \tag{5.13}$$

Die Verzerrungs-Verschiebungsmatrix ist $\boldsymbol{B}_u = \boldsymbol{D}\boldsymbol{H}_u$ und die Stoffmatrix ist $\boldsymbol{C} = \boldsymbol{C}_{\mathrm{dev}} + \boldsymbol{C}_{\mathrm{vol}}$, die vollständige Stoffmatrix. Sie ist berechenbar durch Summe über den deviatorischen und volumetrischen Anteil oder alternativ durch Verwendung der Definition, die in den Grundgleichungen vorgestellt wurde (Gleichung 2.21). In den Grundgleichungen steht noch die Anwendung des ebenen Spannungszustands (Gleichung 2.24), diese Werkstoffmatrix ist ebenso verwendbar, was der $\bar{B}$-Methode die Anwendung des ESZ ermöglicht. Nun sind alle Größen geklärt und wir können zur Implementierung übergehen.

5.3 Implementierung der B-bar Methode

Wir setzen die Näherungen $(\boldsymbol{H}_u\,\widetilde{\boldsymbol{u}},\, H_p\,\widetilde{p},\, H_{\mathrm{vol}}\,\widetilde{\varepsilon}_{\mathrm{vol}})$ aus der Diskretisierung in die schwache Form (Gleichung 5.9) ein und erhalten folgende Formulierung

$$\int_{\Omega} \delta\widetilde{\boldsymbol{u}}^{\mathrm{T}}\boldsymbol{H}_u^{\mathrm{T}}\boldsymbol{D}^{\mathrm{T}}\boldsymbol{C}_{\mathrm{dev}}\,\boldsymbol{D}\boldsymbol{H}_u\,\widetilde{\boldsymbol{u}}\;\mathrm{d}\Omega + \int_{\Omega} \delta\widetilde{\boldsymbol{u}}^{\mathrm{T}}\boldsymbol{H}_u^{\mathrm{T}}\boldsymbol{D}^{\mathrm{T}}\boldsymbol{m}H_p\,\widetilde{p}\;\mathrm{d}\Omega = \int_{\Omega} \delta\widetilde{\boldsymbol{u}}^{\mathrm{T}}\boldsymbol{H}_u^{\mathrm{T}}\boldsymbol{b}\;\mathrm{d}\Omega,$$

$$+ \int_{\Gamma_{\mathrm{N}}} \delta\widetilde{\boldsymbol{u}}^{\mathrm{T}}\boldsymbol{H}_u^{\mathrm{T}}\boldsymbol{t}\;\mathrm{d}\Gamma_{\mathrm{N}},$$

$$\int_{\Omega} \delta\widetilde{p}\,H_p\,\boldsymbol{m}^{\mathrm{T}}\boldsymbol{D}\boldsymbol{H}_u\,\widetilde{\boldsymbol{u}}\;\mathrm{d}\Omega - \int_{\Omega} \delta\widetilde{p}\,H_p\,H_{\mathrm{vol}}\,\widetilde{\varepsilon}_{\mathrm{vol}}\;\mathrm{d}\Omega = 0,$$

$$\int_{\Omega} \delta\widetilde{\varepsilon}_{\mathrm{vol}}\,H_{\mathrm{vol}}\,K\,H_{\mathrm{vol}}\,\widetilde{\varepsilon}_{\mathrm{vol}}\;\mathrm{d}\Omega - \int_{\Omega} \delta\widetilde{\varepsilon}_{\mathrm{vol}}\,H_{\mathrm{vol}}\,H_p\,\widetilde{p}\;\mathrm{d}\Omega = 0. \tag{5.14}$$

Nun folgt die Substitution $\boldsymbol{B}_u = \boldsymbol{D}\boldsymbol{H}_u$ und das Ausklammern der vom Integrationsgebiet unabhängigen Feldgrößen $\widetilde{\boldsymbol{u}}, \widetilde{p}$ und $\widetilde{\varepsilon}_{\mathrm{vol}}$. Wir erhalten

$$\delta\widetilde{\boldsymbol{u}}^{\mathrm{T}}\!\left(\int_\Omega \boldsymbol{B}_u^{\mathrm{T}}\boldsymbol{C}_{\mathrm{dev}}\boldsymbol{B}_u\ \mathrm{d}\Omega\ \widetilde{\boldsymbol{u}} + \int_\Omega \boldsymbol{B}_u^{\mathrm{T}}\boldsymbol{m}H_p\ \mathrm{d}\Omega\ \widetilde{p}\right) = \delta\widetilde{\boldsymbol{u}}^{\mathrm{T}}\!\left(\int_\Omega \boldsymbol{H}_u^{\mathrm{T}}\overline{\boldsymbol{b}}\ \mathrm{d}\Omega + \int_{\Gamma_{\mathrm{N}}} \boldsymbol{H}_u^{\mathrm{T}}\overline{\boldsymbol{t}}\ \mathrm{d}\Gamma_{\mathrm{N}}\right),$$

$$\delta\widetilde{p}\left(\int_\Omega H_p\boldsymbol{m}^{\mathrm{T}}\boldsymbol{B}_u\ \mathrm{d}\Omega\ \widetilde{\boldsymbol{u}} - \int_\Omega H_p H_{\mathrm{vol}}\ \mathrm{d}\Omega\ \widetilde{\varepsilon}_{\mathrm{vol}}\right) = 0, \tag{5.15}$$

$$\delta\widetilde{\varepsilon}_{\mathrm{vol}}\left(\int_\Omega H_{\mathrm{vol}}K H_{\mathrm{vol}}\ \mathrm{d}\Omega\ \widetilde{\varepsilon}_{\mathrm{vol}} - \int_\Omega H_{\mathrm{vol}}H_p\ \mathrm{d}\Omega\ \widetilde{p}\right) = 0.$$

Die Testfunktionen $(\delta\widetilde{\boldsymbol{u}}, \delta\widetilde{p}, \delta\widetilde{\varepsilon}_{\mathrm{vol}})$ sind alle als beliebig vorausgesetzt, somit folgt das Gleichungssystem für die $\bar{B}$-Methode

$$\begin{bmatrix} \boldsymbol{A}_{\mathrm{dev}} & \boldsymbol{A}_{\mathrm{vol}} & \boldsymbol{0} \\ \boldsymbol{A}_{\mathrm{vol}}^{\mathrm{T}} & 0 & -E \\ \boldsymbol{0} & -E & F \end{bmatrix} \begin{bmatrix} \widetilde{\boldsymbol{u}} \\ \widetilde{p} \\ \widetilde{\varepsilon}_{\mathrm{vol}} \end{bmatrix} = \begin{bmatrix} \boldsymbol{f} \\ 0 \\ 0 \end{bmatrix}, \tag{5.16}$$

dabei sind

$$\boldsymbol{A}_{\mathrm{dev}} = \int_\Omega \boldsymbol{B}_u^{\mathrm{T}}\boldsymbol{C}_{\mathrm{dev}}\boldsymbol{B}_u\ \mathrm{d}\Omega \qquad\qquad \boldsymbol{A}_{\mathrm{dev}} \in \mathbb{R}^{8\times 8},$$

$$\boldsymbol{A}_{\mathrm{vol}} = \int_\Omega \boldsymbol{B}_u^{\mathrm{T}}\boldsymbol{m}H_p\ \mathrm{d}\Omega \qquad\qquad \boldsymbol{A}_{\mathrm{vol}} \in \mathbb{R}^{8\times 1},$$

$$E = \int_\Omega H_p H_{\mathrm{vol}}\ \mathrm{d}\Omega \qquad\qquad E \in \mathbb{R}^{1\times 1}, \tag{5.17}$$

$$F = \int_\Omega H_{\mathrm{vol}}K H_{\mathrm{vol}}\ \mathrm{d}\Omega \qquad\qquad F \in \mathbb{R}^{1\times 1},$$

$$\boldsymbol{f} = \int_\Omega \boldsymbol{H}_u^{\mathrm{T}}\overline{\boldsymbol{b}}\ \mathrm{d}\Omega + \int_{\Gamma_{\mathrm{N}}} \boldsymbol{H}_u^{\mathrm{T}}\overline{\boldsymbol{t}}\ \mathrm{d}\Gamma_{\mathrm{N}} \qquad\qquad \boldsymbol{f} \in \mathbb{R}^{8\times 1}.$$

Da alle Feldgrößen approximiert sind und wir die Verschiebungen suchen, lösen wir das Gleichungssystem nach $\widetilde{\boldsymbol{u}}$ auf. Die statische Kondensation ist auf Elementebene durchführbar. Als ersten Schritt eliminieren wir die 3. Gleichung nach den volumetrischen Dehnungen

$$\widetilde{\varepsilon}_{\mathrm{vol}} = F^{-1}E\widetilde{p}, \tag{5.18}$$

diese setzen wir in die 2. Gleichung ein und eliminieren sie nach dem Druck

$$\widetilde{p} = (EF^{-1}E)^{-1}\boldsymbol{A}_{\mathrm{vol}}^{\mathrm{T}}\widetilde{\boldsymbol{u}}. \tag{5.19}$$

Nun muss das Ergebnis in die 1. Gleichung eingesetzt werden, es folgt

$$(\boldsymbol{A}_{\mathrm{dev}} + \boldsymbol{W}^{\mathrm{T}}F\boldsymbol{W})\widetilde{\boldsymbol{u}} = \boldsymbol{f} \qquad \text{mit} \qquad \boldsymbol{W} = E^{-1}\boldsymbol{A}_{\mathrm{vol}}, \tag{5.20}$$

wir erhalten also zum Schluss die bekannte Gleichung

$$\boldsymbol{K}\widetilde{\boldsymbol{u}} = \boldsymbol{f} \qquad \text{mit} \qquad \boldsymbol{K} = \boldsymbol{A}_{\mathrm{dev}} + \boldsymbol{W}^{\mathrm{T}}F\boldsymbol{W}. \tag{5.21}$$

Die Steifigkeitsmatrix $\boldsymbol{K}$ haben wir ermittelt, indem wir den deviatorischen $(\boldsymbol{A}_{\mathrm{dev}})$ und den volumetrischen Teil $(\boldsymbol{W}^{\mathrm{T}}F\boldsymbol{W})$ separat integriert haben. In der obigen Formulierung

(5.21) ist nur der ebene Verzerrungszustand berücksichtigt. Will man jedoch den ebenen Spannungszustand implementieren, also die Werkstoffmatrix für den ESZ anwenden, so muss man eine andere Möglichkeit für die Ermittlung der Steifigkeitsmatrix finden. Es ist möglich die Steifigkeitsmatrix K, wie in den folgenden Zeilen vorgestellt zu ermitteln

$$K = \int_\Omega \bar{B}^{\mathrm{T}} C \bar{B} \, \mathrm{d}\Omega. \tag{5.22}$$

Man muss also die Verschiebungs-Verzerrungsmatrix B für Flächenelemente wie folgt abändern

$$\bar{B} = I_{\mathrm{dev}} B + \frac{1}{2} m H_{\mathrm{vol}} W \qquad \text{mit} \qquad I_{\mathrm{dev}} = I - \frac{1}{2} m m^{\mathrm{T}} \tag{5.23}$$

dabei ist I die Einheitsmatrix. Wie man sieht, stammt daher der Name $\bar{B}$-Methode. Ein Hinweis zur Implementation der Gleichung 5.22, die hier abgeänderte Verschiebungs-Verzerrungsmatrix enthält bereits eine Integration über das Gebiet in W, d.h. bevor K integriert werden kann, muss schon vorher eine Integration statt gefunden haben um $\bar{B}$ zu ermitteln.

5.4 Untersuchung zur Querkontraktion mit der B-bar Methode

Das in der Verschiebungsmethode untersuchte Beispiel (Abschnitt 3.4) zur Poissonzahl betrachten wir nun ebenso für die $\bar{B}$-Methode. Die Graphen zeigen eine sehr starke Ähnlichkeit zu den Lösungen aus der Verschiebungsmethode mit einem wichtigen Unterschied.

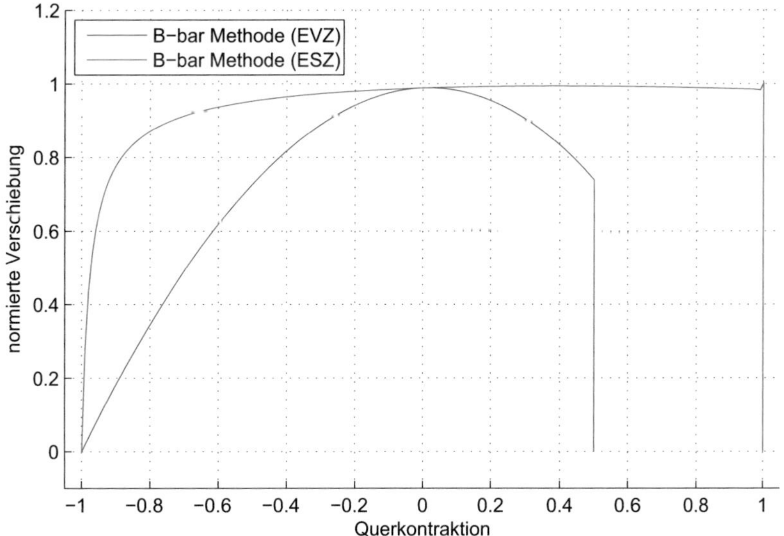

Abbildung 5.1: Versteifungseffekt bei der B-bar Methode

Querk.	EVZ	ESZ
0.40000	-178.54	-212.99
0.45000	-169.03	-212.97
0.49000	-160.49	-212.93
0.49900	-158.44	-212.92
0.49990	-158.23	-212.91
0.49999	-158.21	-212.91
0.50000	0	-212.91
Referenz	-214.29	

Mit den Erkenntnissen aus der B-bar Methode lässt sich das Verhalten der FEM-Lösungen folgendermaßen interpretieren. Der volumetrische Anteil der Steifigkeiten ist als Ursache für das Locking identifiziert worden und ist danach so hervorragend reduziert bzw. angepasst worden, dass der Versteifungseffekt bei Annäherung an Inkompressibilität im ebenen Verzerrungszustand quasi ausradiert wurde. Erst bei $\nu = 0.5$ stürzt die Lösung plötzlich auf den Wert Null ab. Den selben Effekt sieht man im ebenen Spannungszustand für $\nu = 1.0$. Lediglich eine minimale Unstetigkeit ist zu erkennen, wenn man sich extrem stark (zehnte Nachkommastelle beim EVZ) den Grenzwerten nähert. Man kann also sagen, dass die B-bar Methode absolut kein volumetrisches Locking mehr aufweist und damit eine erfolgreich umgesetzte Idee ist volumetrische Versteifungen zu verhindern.

6 Enhanced Strain Methode

Eine weitere Methode materielle Versteifungseffekte zu unterbinden stellt die Enhanced Assumed Strain Methode, kurz EAS, dar. Die Grundlegende Idee lieferten SIMO UND RIFAI [12], sie beinhaltet eine Ergänzung der Dehnungen durch eine erweiterte (enhanced) Dehnung. Diese Erweiterung ermöglicht einen anderen Blickwinkel auf die schwache Form einer Zwei-Feld-Methode und zwar, wie sich herausstellt, eine sehr effiziente. Aufgrund dessen wurde die EAS-Methode von vielen Autoren untersucht unter anderem von NAGTEGAAL UND FOX [7], PILTNER UND TAYLOR [9] und WRIGGERS UND KORELC [14]. Eine besonders leicht verständliche Arbeit haben ANDELFINGER UND RAMM [1] verfasst.

6.1 Schwache Form der Enhanced Strain Methode

Als Ausgangsform dient wieder die schwache Form des Gleichgewichts aus der Verschiebungsmethode (Gleichung 3.3)

$$-\int_\Omega \delta\boldsymbol{\varepsilon}^{\mathrm{T}}\boldsymbol{\sigma}\,\mathrm{d}\Omega + \int_{\Gamma_\mathrm{N}} \delta\boldsymbol{u}^{\mathrm{T}}\bar{\boldsymbol{t}}\,\mathrm{d}\Gamma_\mathrm{N} + \int_\Omega \delta\boldsymbol{u}^{\mathrm{T}}\bar{\boldsymbol{b}}\,\mathrm{d}\Omega = 0. \qquad (6.1)$$

Wie oben erwähnt, ergänzen wir zur Dehnung aus Verschiebungen $\boldsymbol{\varepsilon}_u$ eine erweiterte Dehnung $\boldsymbol{\varepsilon}_{\mathrm{en}}$, so ergibt sich die gesamte Dehnung zu

$$\boldsymbol{\varepsilon} = \boldsymbol{\varepsilon}_u + \boldsymbol{\varepsilon}_{\mathrm{en}}. \qquad (6.2)$$

Wir substituieren die Dehnungen mit der Gleichung 6.2 und schreiben die Bekannten auf die rechte Seite

$$\int_\Omega \delta(\boldsymbol{\varepsilon}_u + \boldsymbol{\varepsilon}_{\mathrm{en}})^{\mathrm{T}}\boldsymbol{\sigma}\,\mathrm{d}\Omega = \int_\Omega \delta\boldsymbol{u}^{\mathrm{T}}\bar{\boldsymbol{b}}\,\mathrm{d}\Omega + \int_{\Gamma_\mathrm{N}} \delta\boldsymbol{u}^{\mathrm{T}}\bar{\boldsymbol{t}}\,\mathrm{d}\Gamma_\mathrm{N}. \qquad (6.3)$$

Als nächsten Schritt nutzen wir die Kenntnis über das Werkstoffgesetz ($\boldsymbol{\sigma} = \boldsymbol{C}\boldsymbol{\varepsilon}$) und die Kinematik ($\boldsymbol{\varepsilon}_u = \boldsymbol{D}\boldsymbol{u}$) um die schwache Form wie folgt darzustellen

$$\int_\Omega \delta(\boldsymbol{D}\boldsymbol{u} + \boldsymbol{\varepsilon}_{\mathrm{en}})^{\mathrm{T}}\boldsymbol{C}(\boldsymbol{D}\boldsymbol{u} + \boldsymbol{\varepsilon}_{\mathrm{en}})\,\mathrm{d}\Omega = \int_\Omega \delta\boldsymbol{u}^{\mathrm{T}}\bar{\boldsymbol{b}}\,\mathrm{d}\Omega + \int_{\Gamma_\mathrm{N}} \delta\boldsymbol{u}^{\mathrm{T}}\bar{\boldsymbol{t}}\,\mathrm{d}\Gamma_\mathrm{N} \qquad (6.4)$$

Das Ausmultiplizieren der linken Seite führt zu der Form

$$\int_\Omega \delta \boldsymbol{u}^{\mathrm{T}} \boldsymbol{D}^{\mathrm{T}} \boldsymbol{C} \boldsymbol{D} \boldsymbol{u} \ \mathrm{d}\Omega + \int_\Omega \delta \boldsymbol{u}^{\mathrm{T}} \boldsymbol{D}^{\mathrm{T}} \boldsymbol{C} \boldsymbol{\varepsilon}_{\mathrm{en}} \ \mathrm{d}\Omega$$

$$+ \int_\Omega \delta \boldsymbol{\varepsilon}_{\mathrm{en}}^{\mathrm{T}} \boldsymbol{C} \boldsymbol{D} \boldsymbol{u} \ \mathrm{d}\Omega + \int_\Omega \delta \boldsymbol{\varepsilon}_{\mathrm{en}}^{\mathrm{T}} \boldsymbol{C} \boldsymbol{\varepsilon}_{\mathrm{en}} \ \mathrm{d}\Omega = \int_\Omega \delta \boldsymbol{u}^{\mathrm{T}} \bar{\boldsymbol{b}} \ \mathrm{d}\Omega + \int_{\Gamma_{\mathrm{N}}} \delta \boldsymbol{u}^{\mathrm{T}} \bar{\boldsymbol{t}} \ \mathrm{d}\Gamma_{\mathrm{N}}. \tag{6.5}$$

Durch Koeffizientenvergleich folgt die, in zwei Feldgrößen aufgeteilte, schwache Form für die Enhanced Strain Methode

$$\int_\Omega \delta \boldsymbol{u}^{\mathrm{T}} \boldsymbol{D}^{\mathrm{T}} \boldsymbol{C} \boldsymbol{D} \boldsymbol{u} \ \mathrm{d}\Omega + \int_\Omega \delta \boldsymbol{u}^{\mathrm{T}} \boldsymbol{D}^{\mathrm{T}} \boldsymbol{C} \boldsymbol{\varepsilon}_{\mathrm{en}} \ \mathrm{d}\Omega = \int_\Omega \delta \boldsymbol{u}^{\mathrm{T}} \bar{\boldsymbol{b}} \ \mathrm{d}\Omega + \int_{\Gamma_{\mathrm{N}}} \delta \boldsymbol{u}^{\mathrm{T}} \bar{\boldsymbol{t}} \ \mathrm{d}\Gamma_{\mathrm{N}}$$

$$\int_\Omega \delta \boldsymbol{\varepsilon}_{\mathrm{en}}^{\mathrm{T}} \boldsymbol{C} \boldsymbol{D} \boldsymbol{u} \ \mathrm{d}\Omega + \int_\Omega \delta \boldsymbol{\varepsilon}_{\mathrm{en}}^{\mathrm{T}} \boldsymbol{C} \boldsymbol{\varepsilon}_{\mathrm{en}} \ \mathrm{d}\Omega = 0. \tag{6.6}$$

Eine zusätzliche Bedingung ist, dass die erweiterten Dehnungen zu den Spannungen orthogonal sein sollen

$$\int_\Omega \sigma^{\mathrm{T}} \boldsymbol{\varepsilon}_{\mathrm{en}} \ \mathrm{d}\Omega = 0. \tag{6.7}$$

Dieses Kriterium wird gestellt, um die Lösbarkeit der schwachen Form zu gewährleisten.

6.2   Diskretisierung der Enhanced Strain Methode

Die Approximation der Verschiebungen ist auch in der Enhanced Strain Methode die selbe, wie bei der Verschiebungsmethode (Gleichungen 3.5 bis 3.10)

$$\boldsymbol{u} \approx \boldsymbol{u}_h = \boldsymbol{H}_u \widetilde{\boldsymbol{u}}. \tag{6.8}$$

Analog dazu approximieren wir die erweiterten Dehnungen

$$\boldsymbol{\varepsilon}_{\mathrm{en}} \approx \boldsymbol{\varepsilon}_{\mathrm{en};h} = \boldsymbol{H}_{\mathrm{en}} \widetilde{\boldsymbol{\varepsilon}}_{\mathrm{en}}. \tag{6.9}$$

Die von den Verschiebungen abhängigen Größen werden gleich der Approximation in der Verschiebungsmethode angenähert (Gleichung 3.11)

$$\boldsymbol{\varepsilon}_u = \boldsymbol{D} \boldsymbol{u} \approx \boldsymbol{D} \boldsymbol{u}_h = \boldsymbol{D} \boldsymbol{H}_u \widetilde{\boldsymbol{u}} = \boldsymbol{B}_u \widetilde{\boldsymbol{u}},$$

$$\boldsymbol{\sigma} = \boldsymbol{C} \boldsymbol{\varepsilon}_u = \boldsymbol{C} \boldsymbol{D} \boldsymbol{u} \approx \boldsymbol{C} \boldsymbol{D} \boldsymbol{u}_h = \boldsymbol{C} \boldsymbol{D} \boldsymbol{H}_u \widetilde{\boldsymbol{u}} = \boldsymbol{C} \boldsymbol{B}_u \widetilde{\boldsymbol{u}}. \tag{6.10}$$

Interessant wird es bei der Betrachtung der Ansätze für die Enhanced Assumed Strain (EAS)-Modi. ANDELFINGER UND RAMM [1] haben zu den Modi einen sehr guten Überblick in ihrer Arbeit über die EAS-Methode zusammengestellt. Insgesamt gibt es für ein bilineares Scheibenelement drei relevante Modi, sie sind im Referenzgebiet definiert. Es existiert noch ein vierter Modus (EAS-11), er liefert jedoch dieselben Ergebnisse, wie der im folgenden aufgeführte EAS-7 Modus

$$M_{\text{EAS-7}} = \begin{bmatrix} r & 0 & 0 & 0 & rs & 0 & 0 \\ 0 & s & 0 & 0 & 0 & rs & 0 \\ 0 & 0 & r & s & 0 & 0 & rs \end{bmatrix}. \tag{6.11}$$

Einen EAS-6 Modus gibt es nicht, da dieser die Voraussetzung der Orthogonalität zwischen den Spannungen und den erweiterten Dehnungen (Gleichung 6.7) nicht erfüllt. Dafür folgt aus der Idee des EAS-6 Modus der EAS-5 Modus

$$M_{\text{EAS-5}} = \begin{bmatrix} r & 0 & 0 & 0 & rs \\ 0 & s & 0 & 0 & -rs \\ 0 & 0 & r & s & r^2 - s^2 \end{bmatrix}. \tag{6.12}$$

Als dritter möglicher Modus ist der EAS-4 Modus zu erwähnen, dieser Modus ist der einfachste und benötigt damit am wenigsten Rechenleistung. Im Kapitel 8 wird außerdem gezeigt, dass dieser Modus sehr effizient ist, er wird durch folgende Matrix beschrieben

$$M_{\text{EAS-4}} = \begin{bmatrix} r & 0 & 0 & 0 \\ 0 & s & 0 & 0 \\ 0 & 0 & r & s \end{bmatrix}. \tag{6.13}$$

Alle diese Modi sind im natürlichen Koordinatensystem definiert und müssen, um verwendet werden zu können, ins kartesische Koordinatensystem transformiert werden. Dafür dient die Jacobi-Matrix ausgewertet an den jeweiligen Gaußpunkten (siehe Gleichung 3.14) und ausgewertet im Mittelpunkt (r = 0|s = 0) des Referenzgebiets

$$J_0^{\text{T}} = \frac{\partial X}{\partial R_0} = \begin{bmatrix} X_{\text{r=0}} & Y_{\text{r=0}} \\ X_{\text{s=0}} & Y_{\text{s=0}} \end{bmatrix} = \begin{bmatrix} h_{1,\text{r=0}} & h_{2,\text{r=0}} & h_{3,\text{r=0}} & h_{4,\text{r=0}} \\ h_{1,\text{s=0}} & h_{2,\text{s=0}} & h_{3,\text{s=0}} & h_{4,\text{s=0}} \end{bmatrix} \begin{bmatrix} x_1 & y_1 \\ x_2 & y_2 \\ x_3 & y_3 \\ x_4 & y_4 \end{bmatrix}. \tag{6.14}$$

Mit der Jacobi-Matrix ausgewertet in der Elementmitte wird folgende Transformationsmatrix aufgestellt

$$T_0^{\text{T}} = \begin{bmatrix} X_{\text{r=0}}^2 & Y_{\text{r=0}}^2 & X_{\text{r=0}}Y_{\text{r=0}} \\ X_{\text{s=0}}^2 & Y_{\text{s=0}}^2 & X_{\text{s=0}}Y_{\text{s=0}} \\ 2X_{\text{r=0}}X_{\text{s=0}} & 2Y_{\text{r=0}}Y_{\text{s=0}} & X_{\text{r=0}}Y_{\text{s=0}} + Y_{\text{r=0}}X_{\text{s=0}} \end{bmatrix}. \tag{6.15}$$

Jetzt kann man die Transformation der EAS-Modi aus dem Referenzgebiet ins kartesische Koordinatensystem mit Hilfe folgender Gleichung durchführen

$$H_{\text{en}} = \frac{\det J_0}{\det J} \, T_0^{-\text{T}} \, M_{\text{EAS-}i} \qquad \text{mit } i = 4, 5, 7. \tag{6.16}$$

Die Interpolationsmatrix H_{en} ist je nach EAS-Modus aus dem $\mathbb{R}^{3 \times 4}, \mathbb{R}^{3 \times 5}$ oder $\mathbb{R}^{3 \times 7}$.

6.3 Implementierung der Enhanced Strain Methode

Mit den in der Diskretisierung gewählten Ansätzen ($\boldsymbol{H}_u\,\widetilde{\boldsymbol{u}}$, $\boldsymbol{H}_{\mathrm{en}}\,\widetilde{\boldsymbol{\varepsilon}}_{\mathrm{en}}$) lässt sich die schwache Form der EAS-Methode (Gleichung 6.6) folgendermaßen darstellen

$$\int_\Omega \delta\widetilde{\boldsymbol{u}}^{\mathrm{T}}\boldsymbol{H}_u^{\mathrm{T}}\boldsymbol{D}^{\mathrm{T}}\boldsymbol{C}\boldsymbol{D}\boldsymbol{H}_u\,\widetilde{\boldsymbol{u}}\ \mathrm{d}\Omega + \int_\Omega \delta\widetilde{\boldsymbol{u}}^{\mathrm{T}}\boldsymbol{H}_u^{\mathrm{T}}\boldsymbol{D}^{\mathrm{T}}\boldsymbol{C}\boldsymbol{H}_{\mathrm{en}}\,\widetilde{\boldsymbol{\varepsilon}}_{\mathrm{en}}\ \mathrm{d}\Omega = \int_\Omega \delta\widetilde{\boldsymbol{u}}^{\mathrm{T}}\boldsymbol{H}_u^{\mathrm{T}}\overline{\boldsymbol{b}}\ \mathrm{d}\Omega$$

$$+ \int_{\Gamma_{\mathrm{N}}} \delta\widetilde{\boldsymbol{u}}^{\mathrm{T}}\boldsymbol{H}_u^{\mathrm{T}}\overline{\boldsymbol{t}}\ \mathrm{d}\Gamma_{\mathrm{N}},\quad (6.17)$$

$$\int_\Omega \delta\widetilde{\boldsymbol{\varepsilon}}_{\mathrm{en}}^{\mathrm{T}}\boldsymbol{H}_{\mathrm{en}}^{\mathrm{T}}\boldsymbol{C}\boldsymbol{D}\boldsymbol{H}_u\,\widetilde{\boldsymbol{u}}\ \mathrm{d}\Omega + \int_\Omega \delta\widetilde{\boldsymbol{\varepsilon}}_{\mathrm{en}}^{\mathrm{T}}\boldsymbol{H}_{\mathrm{en}}^{\mathrm{T}}\boldsymbol{C}\boldsymbol{H}_{\mathrm{en}}\,\widetilde{\boldsymbol{\varepsilon}}_{\mathrm{en}}\ \mathrm{d}\Omega = 0.$$

Mit Hilfe des $\boldsymbol{B}_u$-Operators kann man diese Gleichungen umschreiben zu

$$\delta\widetilde{\boldsymbol{u}}^{\mathrm{T}}\left(\int_\Omega \boldsymbol{B}_u^{\mathrm{T}}\boldsymbol{C}\boldsymbol{B}_u\ \mathrm{d}\Omega\widetilde{\boldsymbol{u}} + \int_\Omega \boldsymbol{B}_u^{\mathrm{T}}\boldsymbol{C}\boldsymbol{H}_{\mathrm{en}}\ \mathrm{d}\Omega\widetilde{\boldsymbol{\varepsilon}}_{\mathrm{en}}\right) = \delta\widetilde{\boldsymbol{u}}^{\mathrm{T}}\left(\int_\Omega \boldsymbol{H}_u^{\mathrm{T}}\overline{\boldsymbol{b}}\ \mathrm{d}\Omega + \int_{\Gamma_{\mathrm{N}}}\boldsymbol{H}_u^{\mathrm{T}}\overline{\boldsymbol{t}}\ \mathrm{d}\Gamma_{\mathrm{N}}\right),$$

$$\delta\widetilde{\boldsymbol{\varepsilon}}_{\mathrm{en}}^{\mathrm{T}}\left(\int_\Omega \boldsymbol{H}_{\mathrm{en}}^{\mathrm{T}}\boldsymbol{C}\boldsymbol{B}_u\ \mathrm{d}\Omega\widetilde{\boldsymbol{u}} + \int_\Omega \boldsymbol{H}_{\mathrm{en}}^{\mathrm{T}}\boldsymbol{C}\boldsymbol{H}_{\mathrm{en}}\ \mathrm{d}\Omega\widetilde{\boldsymbol{\varepsilon}}_{\mathrm{en}}\right) = 0. \quad (6.18)$$

Durch die Voraussetzung $\delta\widetilde{\boldsymbol{u}} \neq 0$ und $\delta\widetilde{\boldsymbol{\varepsilon}}_{\mathrm{en}} \neq 0$ kann schließlich für die Erfüllung des Gleichgewichts folgendes Gleichungssystem aufgestellt werden

$$\begin{bmatrix} \boldsymbol{K} & \boldsymbol{G} \\ \boldsymbol{G}^{\mathrm{T}} & \boldsymbol{L} \end{bmatrix} \begin{bmatrix} \widetilde{\boldsymbol{u}} \\ \widetilde{\boldsymbol{\varepsilon}}_{\mathrm{en}} \end{bmatrix} = \begin{bmatrix} \boldsymbol{f} \\ 0 \end{bmatrix} \quad (6.19)$$

mit den Koeffizienten

$$\boldsymbol{K} = \int_\Omega \boldsymbol{B}_u^{\mathrm{T}}\boldsymbol{C}\boldsymbol{B}_u\ \mathrm{d}\Omega \qquad\qquad \boldsymbol{K} \in \mathbb{R}^{8\times 8},$$

$$\boldsymbol{G} = \int_\Omega \boldsymbol{B}_u^{\mathrm{T}}\boldsymbol{C}\boldsymbol{H}_{\mathrm{en}}\ \mathrm{d}\Omega \qquad\qquad \boldsymbol{G} \in \mathbb{R}^{8\times i},$$

$$\boldsymbol{L} = \int_\Omega \boldsymbol{H}_{\mathrm{en}}^{\mathrm{T}}\boldsymbol{C}\boldsymbol{H}_{\mathrm{en}}\ \mathrm{d}\Omega \qquad\qquad \boldsymbol{L} \in \mathbb{R}^{i\times i},$$

$$\boldsymbol{f} = \int_\Omega \boldsymbol{H}_u^{\mathrm{T}}\overline{\boldsymbol{b}}\ \mathrm{d}\Omega + \int_{\Gamma_{\mathrm{N}}}\boldsymbol{H}_u^{\mathrm{T}}\overline{\boldsymbol{t}}\ \mathrm{d}\Gamma_{\mathrm{N}} \qquad \boldsymbol{f} \in \mathbb{R}^{8\times 1}.$$

$$(6.20)$$

Je nach EAS-Modus ist $i = 4, 5, 7$ für EAS-4, -5 oder -7. Eine Untersuchung zu den EAS-Modi im nachfolgendem Abschnitt 6.4 soll Aufschluss über Effizienz und Notwendigkeit bringen.

6.4 Effizienz-Vergleich der EAS-Modi

Im Rahmen dieser Arbeit wird nur der EAS-4 Modus für weitere numerische Untersuchungen verwendet. Der Grund für das Weglassen der beiden anderen Modi wird in folgender Grafik ersichtlich.

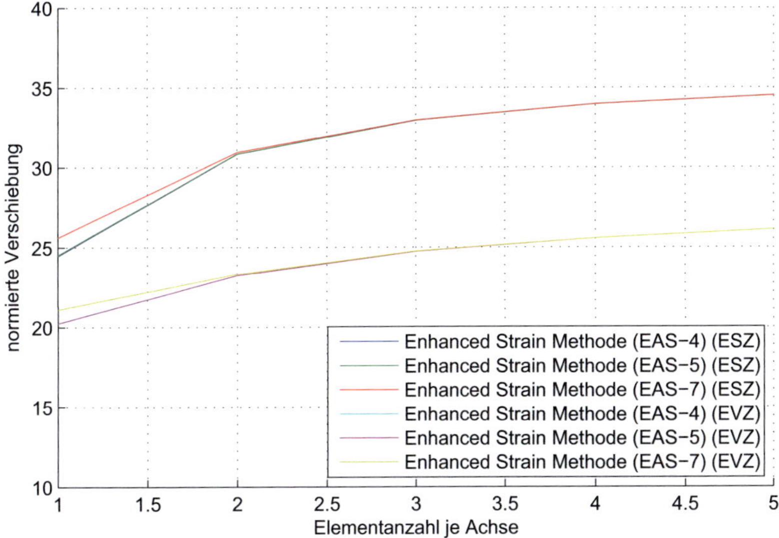

Abbildung 6.1: Gegenüberstellung der EAS-Modi

Elem.-Anz.	EVZ			ESZ		
	EAS-4	EAS-5	EAS-7	EAS-4	EAS-5	EAS-7
1×1	20.2289	20.2340	21.0994	24.4683	24.5174	25.6139
2×2	23.2299	23.2315	23.3144	30.8352	30.8466	30.9480
3×3	24.7413	24.7417	24.7605	32.9495	32.9522	32.9738
4×4	25.5710	25.5711	25.5771	33.9650	33.9659	33.9729
5×5	26.1194	26.1195	26.1219	34.5023	34.5027	34.5057

Für die Berechnung wurde das sogenannte Cook's Membrane Problem benutzt, es wird
im Abschnitt 8.3 behandelt. Die beiden erweiterten Modi EAS-5 und EAS-7 liefern bei
einer sehr kleinen Teilung bessere Ergebnisse als der Modus EAS-4, jedoch verschwindet
die Differenz bei einer höheren Anzahl an Elementen sehr schnell und die Graphen über-
lappen sich. Die anfängliche Differenz zwischen den Modi kommt nur zustande, wenn eine
verzerrte Geometrie gewählt wurde (Schub-Locking), das heißt der EAS-4 Modus liefert
uns schon eine volumetrisch Locking-freie Elementformulierung. Das anfängliche Schub-
Locking, dass beim EAS-4 und EAS-5 Modus auftritt ist so gering, dass es keiner weiteren
Beachtung bedarf. Beim Berechnen verursachen die Modi EAS-5 und EAS-7 einen höher-
en Aufwand als der EAS-4 Modus und bringen im Vergleich dazu einen viel zu kleinen
Vorteil. Um möglichst kurze Rechenzeiten zu erreichen reicht deshalb die Implementation
des EAS-4 Modus völlig aus.

6.5   Untersuchung zur Querkontraktion mit der EAS-Methode

Als Abschluss des Kapitels für die EAS-Methode schauen wir uns noch das Beispiel mit
dem Kragarm, das schon in der Verschiebungsmethode (Abschnitt 3.4) und $\bar{B}$-Methode
(Anschnitt 5.4) untersucht wurde, an. Verwendet wird hier nur der EAS-4 Modus, wie in
Abschnitt 6.4 erläutert wurde.

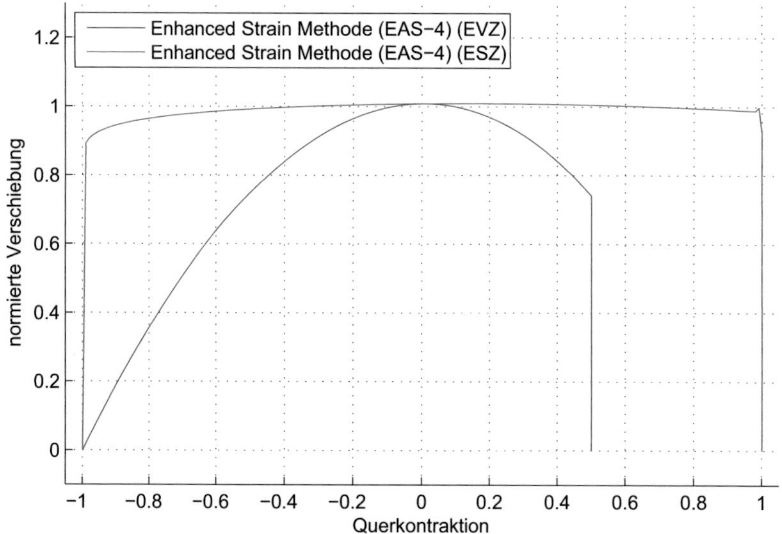

Abbildung 6.2: Versteifungseffekt bei der Enhanced Strain Methode

Querk.	EVZ	ESZ
0.40000	-180.14	-215.79
0.45000	-170.09	-215.61
0.49000	-161.00	-215.44
0.49900	-158.82	-215.40
0.49990	-158.60	-215.40
0.49999	-158.58	-215.40
0.50000	0	-215.40
Referenz	-214.29	

Die EAS-Methode liefert im Vergleich zur B-bar Methode noch bessere Ergebnisse. Hier
erhält man ebenfalls stets eine gute Lösungen bis zu einer extremen Annäherung an den

Grenzwert $\nu = 0.5$ für den ebenen Verzerrungszustand und $\nu = 1.0$ für den ebenen Spannungszustand. Im ESZ erreicht die Enhanced Strain Methode sogar im negativen Bereich
eine rasche Konvergenz gegen das Referenz-Ergebnis. Mit dieser Methode werden durchweg bessere Ergebnisse produziert, als mit den anderen vorgestellten Methoden. Wie man
sieht, stellt sich die Idee, eine erweiterte Dehnung zu erzeugen um volumetrischem Locking
entgegen zu wirken, als äußerst wirkungsvoll heraus.

7 FEM-Umsetzung

In diesem Kapitel stehen programmtechnische Informationen zur numerischen Umsetzung der Finite-Elemente-Methode (FEM).

7.1 Programmstruktur

Die grobe Struktur einer FEM-Berechnung lässt sich folgendermaßen zusammenfassen:

- Diskretisierung:

  - Bestimmung der Geometrie und der Materialeigenschaften

  - Aufbringen der Dirichlet- und Neumann-Randbedingungen

  - Netzgenerierung

- Hinrechnung:

  - Transformation der Elementinformationen in eine globale Form

  - Assemblierung der nun miteinander in Beziehung setzbaren Elementinformationen in ein Gesamtgleichungssystem

  - Lösung des globalen Gesamtgleichungssystems $\boldsymbol{K}_g \widetilde{\boldsymbol{u}}_g = \boldsymbol{f}_g$

- Rückrechnung:

  - Aufteilung des Gesamtsystemergebnisses in Elementinformationen

  - Rücktransformation der einzelnen Elementinformationen in eine lokale Form

  - Lösung der lokalen Elementgleichungssysteme $\boldsymbol{K}\widetilde{\boldsymbol{u}} = \boldsymbol{f}$

- Ergebnisausgabe:

  - Grafische Ausgabe mit Auswahlmöglichkeit für die anzuzeigenden Daten

  - Tabellarische Ausgabe

  - Ausgabe von Diagrammen für Konvergenzstudien

7.2　Numerische Integration

Zu Beginn wurde erwähnt, dass das betrachtete Gebiet Ω der $\mathbb{R}^3$ ist, d.h. wir integrieren über ein Volumen V bzw. über den Rand des Volumens S. Die numerische Integration erfolgt durch Summation über einfache Approximationen des Gebiets. Anders ausgedrückt, man bildet eine Summe über Stützwerte $\boldsymbol{F}_i = \boldsymbol{F}(\boldsymbol{x}_i)$ an ausgewählten Stützstellen $\boldsymbol{x}_i$ und multipliziert die Werte mit den entsprechenden Wichtungsfaktoren $\omega_i = \omega(\boldsymbol{x}_i)$. Wegen Transformation muss man noch mit der Jacobi-Determinante $J_i = \det \boldsymbol{J}_i = \det \boldsymbol{J}(\boldsymbol{x}_i)$ multiplizieren, denn diese steht im $\mathbb{R}^3$ für das Volumen bzw. im $\mathbb{R}^2$ für die Fläche des Ausgangsgebiets, die im Referenzgebiet berücksichtigt werden muss. Die Gleichung lautet also

$$\int_\Omega \boldsymbol{F}\, J \, \mathrm{d}\Omega \approx \sum_i \boldsymbol{F}_i\, \omega_i\, J_i. \tag{7.1}$$

In unserem Fall integrieren wir über die Fläche A des Scheibenelements und die Scheibendicke t. Die Dicke ist konstant und kann aus dem Integral gezogen werden und die Fläche entspricht gerade der Jacobi-Determinante am gewählten Gaußpunkt. Wir approximieren also durch Summation über die Anzahl der Gaußpunkte $\boldsymbol{x}_i$ und der Auswertung $\boldsymbol{F}_i$ an jedem von ihnen. Für ein vierknotiges Element mit linearen Ansätzen gilt

$$t \sum_{i=1}^{4} \boldsymbol{F}_i\, \omega_i\, J_i. \tag{7.2}$$

Nun können wir sowohl die Elementsteifigkeitsmatrizen als auch die Volumenlasten berechnen mit

$$\begin{aligned}
\boldsymbol{K} &= t \sum_{i=1}^{4} \boldsymbol{B}_u^{\mathrm{T}}(\boldsymbol{x}_i)\, \boldsymbol{C}\boldsymbol{B}_u(\boldsymbol{x}_i)\, \omega_i\, J_i, \\
\boldsymbol{f}_b &= t \sum_{i=1}^{4} \boldsymbol{H}_u^{\mathrm{T}}(\boldsymbol{x}_i)\, \bar{\boldsymbol{b}}\, \omega_i\, J_i.
\end{aligned} \tag{7.3}$$

Die Randlasten $\boldsymbol{f}_t$ kann man mit Hilfe eines Algorithmus bei der Netzgenerierung äquivalent auf die Knoten am entsprechenden Rand des Elements verteilen. Zusätzlich dazu kommen noch die bekannten Knotenlasten, die je nachdem ob sie auf dem Dirichlet- oder Neumann-Rand wirken, in die Vektoren $\boldsymbol{f}_g$ oder $\widetilde{\boldsymbol{u}}_g$ eingebunden werden müssen. Folglich lassen sich die Systemgrößen durch Summe über alle Elemente k bzw. durch Assemblierung zusammenstellen

$$\begin{aligned}
\boldsymbol{K}_g &= \sum_k \boldsymbol{K}, \\
\boldsymbol{f}_g &= \sum_k (\boldsymbol{f}_b + \boldsymbol{f}_t),
\end{aligned} \tag{7.4}$$

um zum Schluss das Gesamtgleichungssystem $\boldsymbol{K}_g \widetilde{\boldsymbol{u}}_g = \boldsymbol{f}_g$ lösen zu können.

7.3   Hard- und Softwareinformationen

Alle Berechnungen in dieser Arbeit wurden auf einem Notebook mit Windows 7 (32 Bit) als Betriebssystem gemacht. Die wichtigsten Leistungsdaten sind die folgenden:

- Prozessor (CPU): Intel Core 2 Duo T9300 (2.5GHz, 6MB L2-Cache, 800MHz FSB)

- Arbeitsspeicher (RAM): 3GB DDR2 (667MHz)

In den Kapiteln 3, 5 und 6 werden verschiedene Elementformulierungen behandelt, sie wurden alle in dem Programm MATLAB realisiert. Mit dem geschriebenen Programm wurden anschließend die aufgeführten Beispiele berechnet und grafisch dargestellt. Im Folgenden soll illustriert werden wie sich die ungefähre Rechenzeit (RZ) bei Verdopplung der Freiheitsgrade (FHG) im Gesamtsystem erhöht. Für das Berechnungsmodell dient das in Kapitel 8 benutzte Cook's Membrane Problem.

Elem.-Anz.	ca. FHG	ca. RZ [sek]
35 × 35	2 500	1.0
50 × 50	5 000	1.8
70 × 70	10 000	3.3
100 × 100	20 000	6.4
140 × 140	40 000	12.2
200 × 200	80 000	24.9
280 × 280	160 000	49.4
400 × 400	320 000	102.9

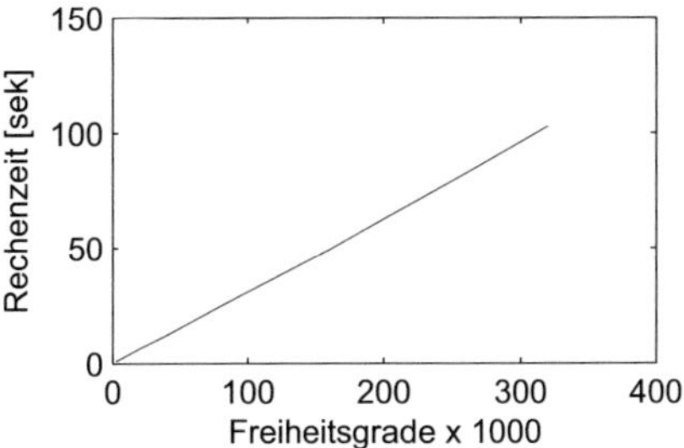

Der Verlauf ist annähernd linear und hängt im wesentlichen von der Assemblierung der Gesamtsteifigkeitsmatrix ab. Wichtig ist es bei der Implementierung darauf zu achten, dass man die Speicherbelegungen im Arbeitsspeicher versucht kontinuierlich durchzuführen. Eine aufeinander folgende Speicherbelegung geht sehr viel schneller von statten als eine nicht kontinuierliche Vorgehensweise, auch wenn dies bedeutet mehr Speicher belegen zu müssen. In MATLAB wird der Speicher Spaltenweise zugewiesen. Es ist also besser die Koeffizienten der Gesamtsteifigkeitsmatrix erst alle nacheinander in einem Spaltenvektor abzuspeichern, bevor man sie im Anschluss darauf alle auf einmal einordnet.
Während der Berechnungen ist deutlich geworden, dass die Rechenzeit aufgrund einer guten Implementierung selbst für eine Elementanzahl bis 500 × 500 Elemente relativ kurz bzw. akzeptabel ist. Bei dieser Anzahl an Elementen wird jedoch leicht die Grenze des zur Verfügung stehenden Arbeitsspeichers erreicht (siehe oben), denn es muss ein Gesamtgleichungssystem mit über 500 000 Gleichungen gelöst werden. Eine Erweiterung des Speichers ist nur bei gleichzeitigem Wechsel auf ein 64 Bit Betriebssystem sinnvoll. Zur Zeit findet ein weltweiter Umstieg auf die 64 Bit Technologie statt. Damit verschiebt sich die physikalische Speicher-Grenze auf vorerst maximal 192GB. Konvergenzstudien können je nach Anzahl der benötigten Berechnungen wie z.B. für die Grafiken 8.2 und 8.3 langwierig sein. Es ist allerdings möglich die Berechnungen aufgrund dem heutigen Stand der Technik (mehrere Prozessorkerne) im Hintergrund ablaufen zu lassen und nebenbei anderen Arbeiten am Rechner nachzugehen ohne wesentliche Beeinträchtigungen zu bemerken.

8 Numerische Untersuchungen

In diesem Kapitel werden abschließend zur vorangegangenen Theorie Beispiele aufgeführt, die verdeutlichen sollen, wie sich Versteifungseffekte bemerkbar machen und welche Auswirkungen sie auf die Konvergenz von Finite Elemente Berechnungen gegen ein exaktes Ergebnis haben. Wir betrachten dabei den Materialparameter ν als Ursache für volumetrisches Locking und dann noch verschiedene Netzgeometrien als Ursache für Schub-Locking.
Die Versteifung bei Annäherung an Inkompressibilität wird unter anderem in der Arbeit von DE SÁ UND JORGE [3] in einer Vielzahl an Beispielen diskutiert.

8.1 Materialparameter

Das Modell des Kragbalkens wurde im Laufe dieser Thesis ausführlich auf materielles Locking getestet. Zur Erinnerung noch einmal die Darstellung des Problems.

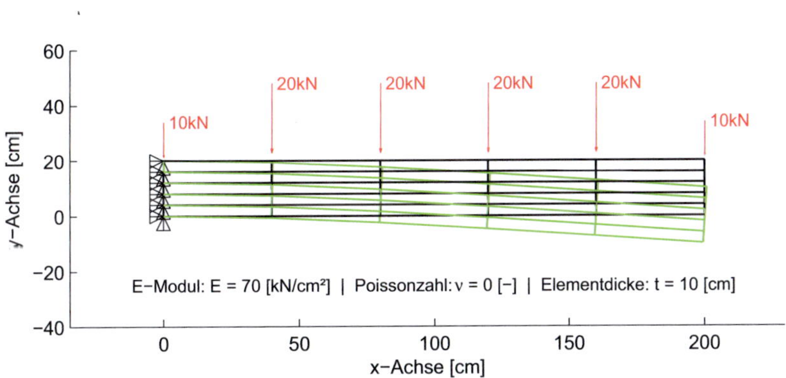

Abbildung 8.1: Kragbalken Modell mit Verschiebungsfigur

Dieser Abschnitt soll die schon erfassten Ergebnisse zum materiellen Versteifungseffekt komplettieren. Das volumetrische Locking hat je nach Anwendung des ebenen Verzerrungszustandes (EVZ) oder des ebenen Spannungszustandes (ESZ) jeweils eine charakteristische Kurve beim variieren der Querkontraktion gezeigt (Abbildungen 3.3, 5.1 und 6.2). Sie weisen bei Verwendung unterschiedlicher Elementformulierungen nur geringe, aber wichtige, Abweichungen auf. Für die Berechnungen der Kurven wurde stets eine

Netzfeinheit von 50×50 Elementen herangezogen. Diese Netzfeinheit soll in der folgenden Konvergenzstudie verändert und diskutiert werden.

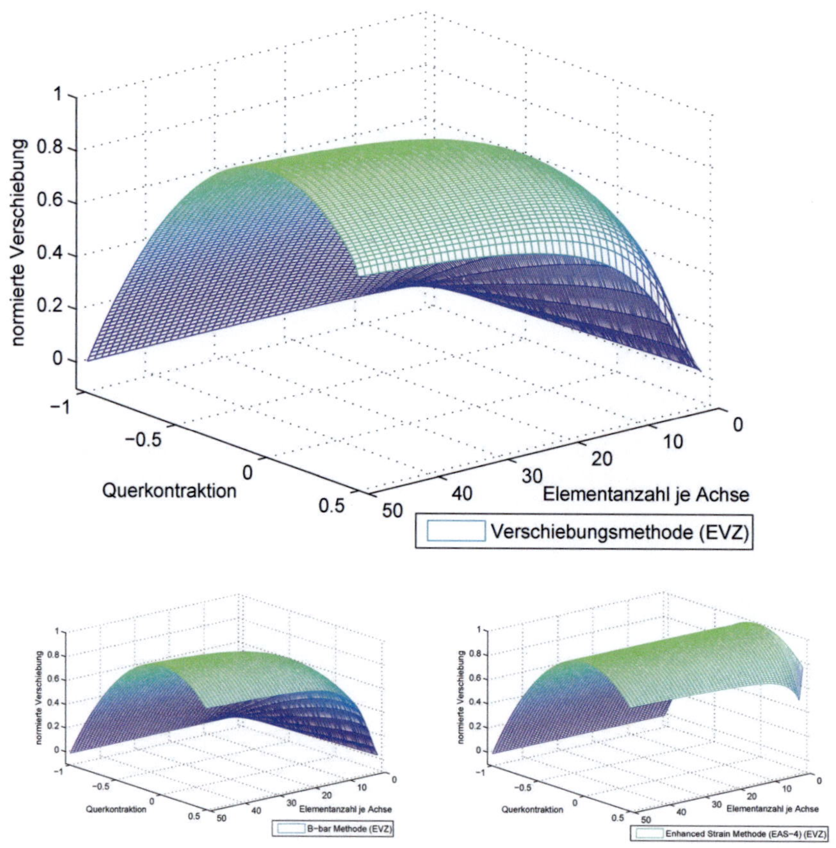

Abbildung 8.2: Versteifungseffekt im ebenen Verzerrungszustand

Die Konvergenz gegen ein exaktes Ergebnis ist normalerweise abhängig von der Netzfeinheit, was der Graph der EAS-Methode jedoch nicht zeigt. Im folgenden Kapitel 8.2 wird klar, dass hier die Netzgeometrie die ausschlaggebende Rolle spielt. Die Variation der Querkontraktion an den Grenzwerten $\nu = -1.0$ und $\nu = 0.5$ verursacht durchgängig eine Verschlechterung der Lösungen, die je nach Methode mehr oder weniger stark ausfällt. Ähnliche Erkenntnisse folgen beim Anschauen der Graphen für den ebenen Spannungszustand.

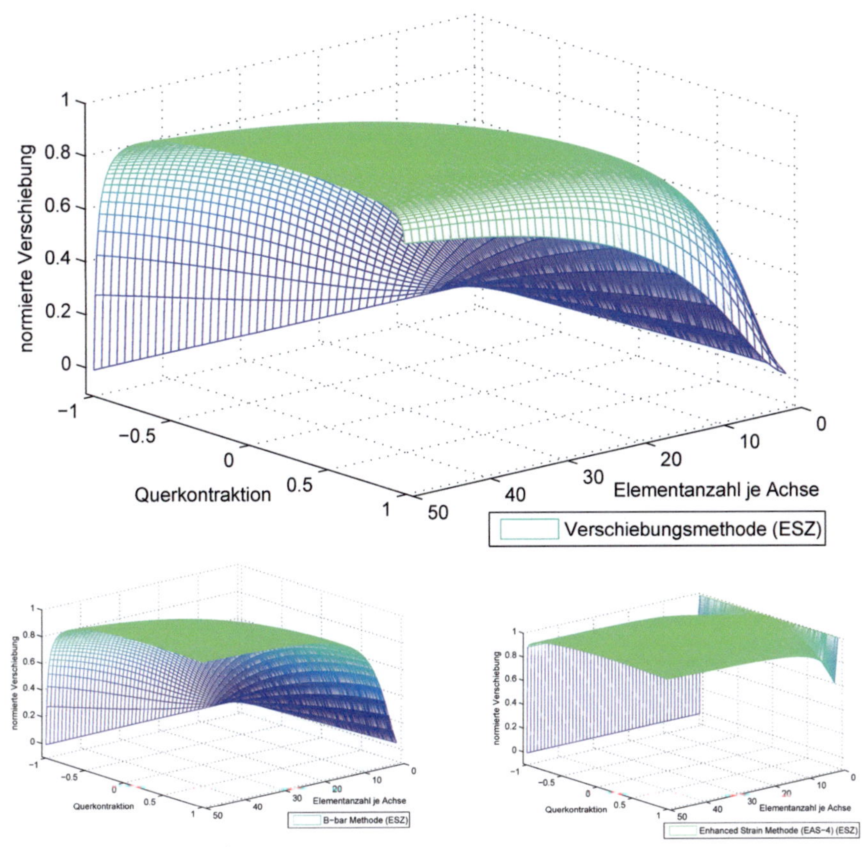

Abbildung 8.3: Versteifungseffekt im ebenen Spannungszustand

Im ESZ ist die FEM-Lösung kaum noch von der Querkontraktion abhängig, anders als im EVZ. Das Intervall der möglichen Poissonzahlen hat sich hier, wie schon in den vorangehenden Abschnitten zu dem Kragbalken Modell gezeigt, für den ebenen Spannungszustand auf $(-1.0, 1.0)$ erweitert. Es ist vollständig dargestellt um noch einmal zu zeigen, dass mit dieser Anwendung die Möglichkeit besteht auch inkompressible Materialien zu berechnen. Außerdem sticht der Graph für die EAS-Methode wieder mit einer exzellenten Konvergenz heraus.

An den Grafiken kann nun klar abgelesen werden, in welchen Bereichen die klassische Verschiebungsmethode Probleme mit der Konvergenz aufweist und dass diese mangelhaften Bereiche durch die gemischten Formulierungen behoben wurden.

8.2 Geometrie (Vernetzung)

Um zufriedenstellende Ergebnisse bei einer FEM-Berechnung zu erhalten ist es nötig eine
gewisse Netzfeinheit zu generieren. Dabei kann es vorkommen, dass man je nach Geometrie eines Modells eine sehr hohe Feinheit einstellen muss. Im Kapitel 4 wurde erwähnt,
dass außer dem volumetrischen Locking noch das sogenannte Schub-Locking existiert.
Diese Versteifung lässt sich bei geschickter Wahl der Vernetzung stark reduzieren, wie
dieser Abschnitt zeigen soll. Wir betrachten erneut den Kragbalken, jedoch diesmal mit
unterschiedlichen Netzstrukturen. Die Streckenlast $q = 0.5 \left[\frac{kN}{cm}\right]$ verteilt sich hier stets
auf gleich viele Knoten und um durch volumetrisches Locking nicht das Ergebnis zu
verfälschen setzen wir die Querkontraktion auf Null.

a) rechteckförmige Netzstruktur (10×10 Elemente)

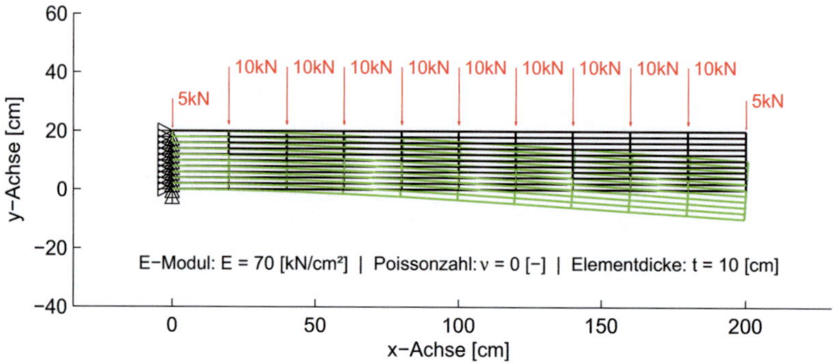

Abbildung 8.4: Kragbalken Modell mit rechteckförmiger Vernetzung

b) quadratförmige Netzstruktur (10×1 Elemente)

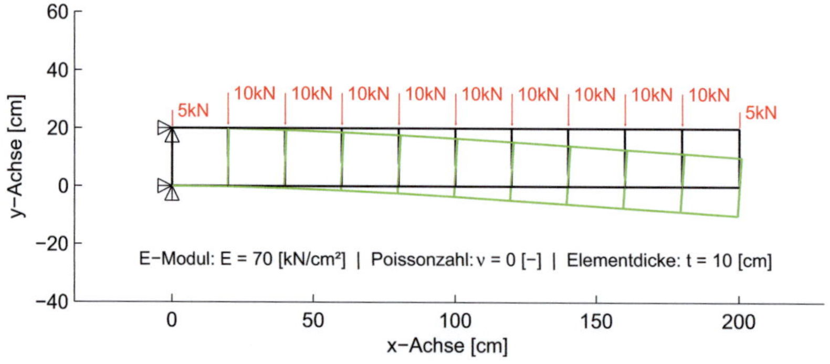

Abbildung 8.5: Kragbalken Modell mit quadratförmiger Vernetzung

c) trapezförmige Netzstruktur (10×2 Elemente)

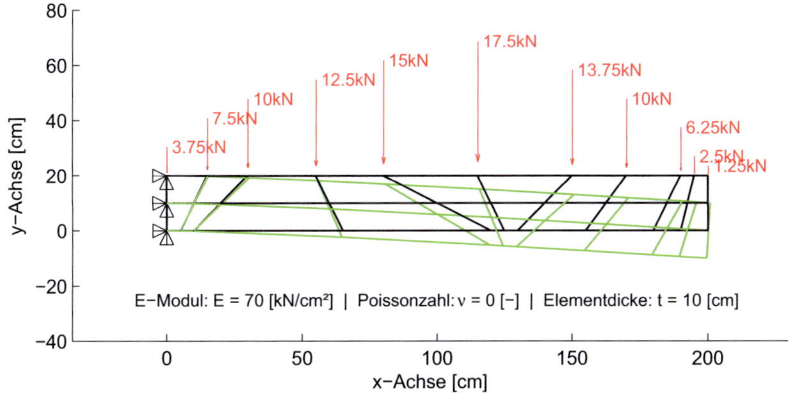

Abbildung 8.6: Kragbalken Modell mit trapezförmiger Vernetzung

Vernetzung	Versch.-M.	B-bar M.	Enh. Str. M.
a)	-144.40	-144.88	-215.99
b)	-144.29	-215.72	-215.72
c)	-73.094	-86.592	-181.15
Referenz		-214.29	

Die unterschiedlichen Vernetzungen lassen folgende Interpretation zu. Das schlechteste Ergebnis liefert, wie man sicherlich vermutet hat, die Vernetzung c). Die verzerrte Struktur verursacht starkes Schub-Locking bei der Verschiebungsmethode und bei der $\bar{B}$-Methode, die EAS-Methode reagiert nicht so empfindlich, aber es ist trotzdem eine Verschlechterung vorhanden. Das beste Netz ist eindeutig das quadratförmige, es ermöglicht mit den beiden gemischten Methoden bei der geringsten Elementanzahl ein hervorragendes Ergebnis hervorzurufen. Der Sprung zwischen dem Netz b) und dem in dieser Arbeit verwendeten Netz a) zeigt nur bei der B-bar Methode eine Auswirkungen. Das bedeutet, die B-bar Methode reagiert anders als die Verschiebungsmethode und die EAS-Methode auf alle arten von Netzveränderungen. Man beachte außerdem, dass bei dem Netz a) zehn Mal mehr Elemente berechnet wurden als bei dem Netz b) bzw. fünf Mal mehr als beim Netz c). Aus diesem Grund schauen wir uns noch einmal die Vernetzung a) mit einer Elementanzahl von 5×5 an, also insgesamt 25 Elementen um noch einmal die Lösungsgenauigkeit im Vergleich zum verzerrten Netz c) zu erfahren.

Vernetzung	Versch.-M.	B-bar M.	Enh. Str. M.
a)	-72.88	-73.36	-215.94

Diese gewählte Netzvefeinerung zeigt, dass die Anzahl der Elemente bei weitem nicht dass wichtigste Kriterium ist eine gute Approximation für eine exakte Lösung zu bekommen. Außerdem steckt hier die Antwort für das Aussehen der Graphen der EAS-Methode im Abschnitt 8.1. Obwohl nun die Anzahl der Elemente immer noch höher ist, als bei den anderen Netzen, sieht man für die Verschiebungsmethode und die $\bar{B}$-Methode, dass die Ergebnisse die schlechtesten sind. Verantwortlich ist dafür der Schubversteifungseffekt aufgrund der unterschiedlichen Seitenverhältnisse der Elemente. Gleichzeitig ist aber auch ersichtlich, dass Schub-Locking bei der Enhanced Strain Methode durch unterschiedliche Seitenverhältnisse nicht auftritt. Die EAS-Methode liefert schon bei nur einem Element das Ergebnis $u_{\min} = -215.72[cm]$ und übertrifft damit das analytische Referenz-Ergebnis, d.h. man verschlechtert das Ergebnis nur beim Versuch das Netz falsch zu verfeinern, wie bei der Vernetzung c) der Fall ist.

Um die Leistungsfähigkeit der EAS-Methode selbst bei extrem verzerrten Netz zu dokumentieren soll der Kragbalken nun mit zwei angenäherten Dreiecken diskretisiert werden. Die Verfeinerung des Netzes hat dann wiederum dreieckförmige Strukturen zur Folge. Gleichzeitig soll gezeigt werden, dass die Art der Belastung keinen Einfluss auf die Konvergenz gegen das exakte Ergebnis hat. Dafür bringen wir anstatt einer Streckenlast, die einen quadratischen Momentenverlauf zur Folge hatte, nun ein Randmoment $M = -100[kNcm]$ auf, dass einen konstanten Momentenverlauf im Kragbalken verursacht.

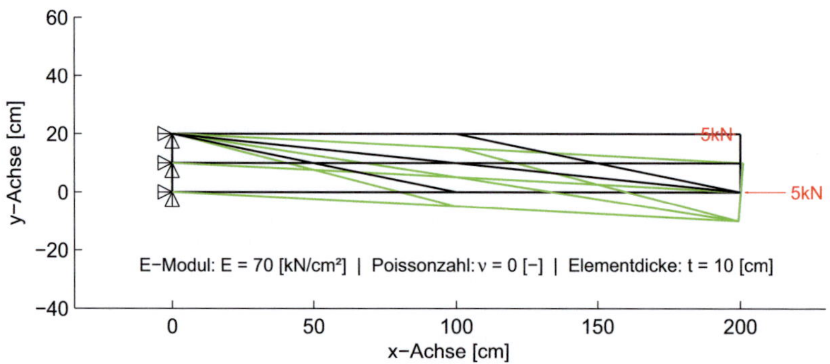

Abbildung 8.7: Kragbalken Modell mit dreieckförmiger Netzannäherung

Das volumetrische Locking wird wieder bewusst durch die Wahl der Querkontraktion $\nu = 0$ außen vor gelassen. Die analytische Lösung lautet $\frac{Ml^2}{2EI} = -4.2857[cm]$. Die FEM-Lösung stellt zum Vergleich folgende Ergebnisse bereit.

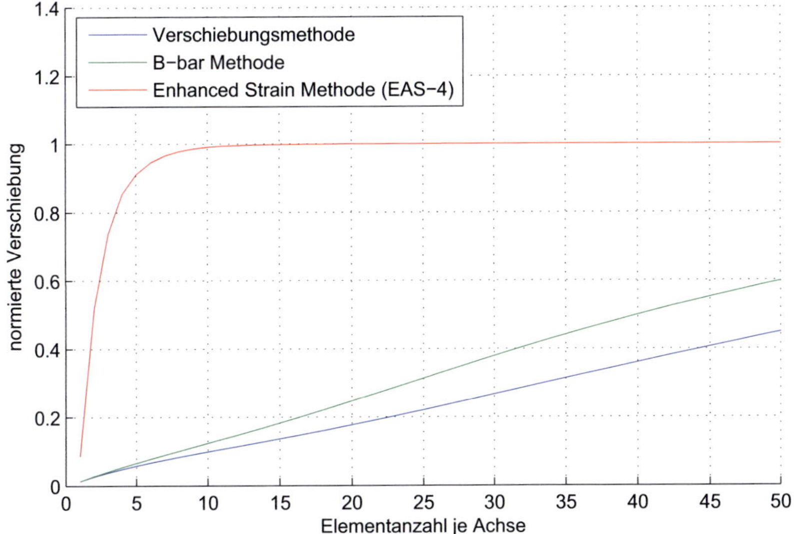

Abbildung 8.8: Kragbalken Konvergenzstudie für annähernd dreieckförmiges Netz

Elem.-Anz.	Versch.-M.	B-bar M.	Enh. Str. M.
5 × 5	-0.2490	-0.2843	-3.9055
10 × 10	-0.4249	-0.5320	-4.2459
15 × 15	-0.5857	-0.7842	-4.2786
20 × 20	-0.7588	-1.0590	-4.2839
25 × 25	-0.9468	-1.3449	-4.2852
30 × 30	-1.1446	-1.6267	-4.2856
35 × 35	-1.3461	-1.8936	-4.2857
40 × 40	-1.5457	-2.1397	-4.2858
45 × 45	-1.7394	-2.3621	-4.2858
50 × 50	-1.9244	-2.5608	-4.2858
Referenz		-4.2857	

Schon mit 10×10 Elementen bekommt man mit der Enhanced Assumed Strain Formulierung trotz extremst verzerrtem Netz eine fast hundertprozentige Annäherung an die analytische Lösung. Dieses Ergebnis ist für die Verschiebungsmethode und auch für die B-bar Methode unerreichbar, da diese beiden Methoden sehr viel empfindlicher auf Schub-Locking reagieren.

8.3 Cook's Membrane

Um die aufgestellten Erkenntnisse noch einmal zu verifizieren folgt in diesem Abschnitt ein sehr bekanntes Beispiel, mit dem man mögliche Parallelen ziehen kann. Das Cook's Membrane Problem wurde erstmals von NAGTEGAAL ET AL. eingeführt, um die Schwäche der Verschiebungsmethode bei Annäherung an Inkompressibilität aufzuzeigen.

Beim Cook's Membrane Problem wird eine verzerrte Scheibe auf einer Seite festgehalten und auf der anderen mit einer Streckenlast $f = 6.25[\frac{kN}{cm}]$ in positive y-Richtung belastet. Die Koordinaten der vier Eckpunkte sind $(0|0), (48|44), (0|44)$ und $(48|60)$. Wir betrachten die Verschiebung in y-Richtung für den Knoten rechts oben. Als Referenz dienen Werte, die mit der Enhanced Strain Methode für 500×500 Elemente berechnet wurden.

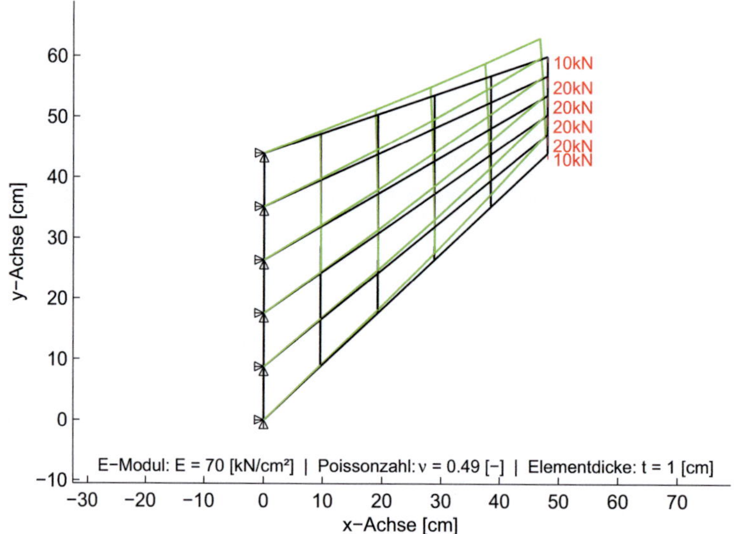

Abbildung 8.9: Cook's Membrane Modell

Es folgen nun Vergleiche zum ebenen Verzerrungszustand (Abbildungen 8.10) und ebenen Spannungszustand (Abbildungen 8.11).

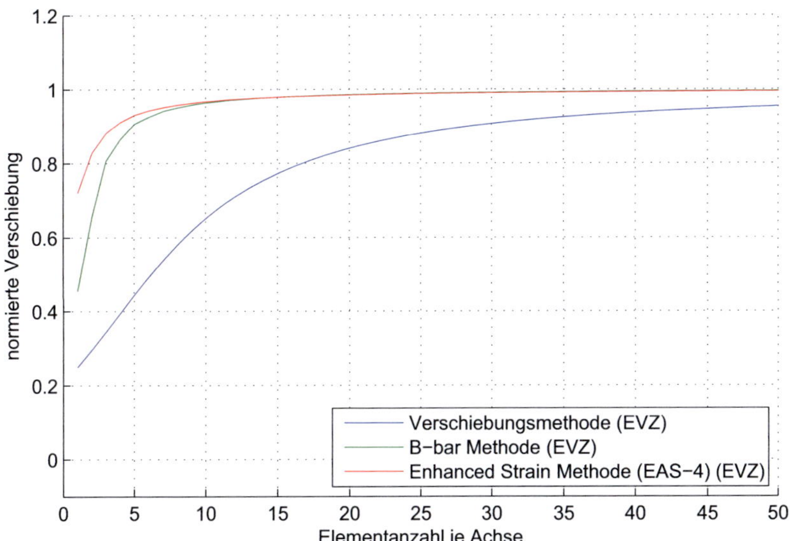

Abbildung 8.10: Cook's Membrane Konvergenzstudie im ebenen Verzerrungszustand

Elem.-Anz.	Versch.-M.	B-bar M.	Enh. Str. M.
5×5	12.4932	25.4422	26.1194
10×10	18.2978	27.0564	27.1466
15×15	21.6937	27.4845	27.4825
20×20	23.6050	27.6693	27.6453
25×25	24.7466	27.7706	27.7407
30×30	25.4769	27.8339	27.8032
35×35	25.9727	27.8770	27.8471
40×40	26.3260	27.9081	27.8797
45×45	26.5878	27.9316	27.9048
50×50	26.7881	27.9499	27.9247
Referenz		28.0778	

Im ebenen Verzerrungszustand (EVZ) stagniert die Verschiebungsmethode zu Beginn regelrecht. Sie konvergiert erst bei einer hohen Anzahl an Elementen gegen einen Wert, der von der $\bar{B}$-Methode und von der Enhanced Strain Methode schon mit 10×10 Elementen übertroffen wird. Die schlechte Konvergenz der Verschiebungsmethode ist zurückzuführen auf die bewusst gewählte Querkontraktion $\nu = 0.49$. Man erkennt sehr gut, dass nahezu inkompressible Materialien mit einer der beiden anderen Methoden berechnet werden sollten, wie im vorangegangenem Abschnitt 8.1 auch schon festgestellt wurde.

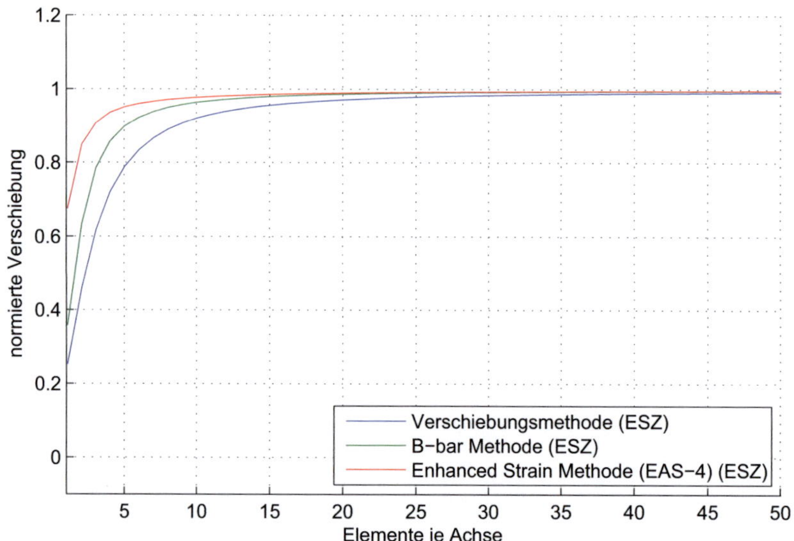

Abbildung 8.11: Cook's Membrane Konvergenzstudie im ebenen Spannungszustand

Elem.-Anz.	Versch.-M.	B-bar M.	Enh. Str. M.
5 × 5	28.6342	32.6138	34.5023
10 × 10	33.4092	34.9709	35.4617
15 × 15	34.6961	35.5536	35.7625
20 × 20	35.2372	35.7986	35.9090
25 × 25	35.5235	35.9298	35.9953
30 × 30	35.6969	36.0102	36.0521
35 × 35	35.8117	36.0642	36.0921
40 × 40	35.8927	36.1027	36.1219
45 × 45	35.9525	36.1314	36.1448
50 × 50	35.9984	36.1537	36.1631
Referenz		36.3048	

Der ebene Spannungszustand (ESZ) zeigt eine weitaus weniger schlechte Konvergenz der Verschiebungsmethode als im ebenen Verzerrungszustand zu erkennen ist. Trotzdem sieht man wieder die Überlegenheit der anderen beiden Methoden bei wenigen Elementen. Das Phänomen des volumetrischen Lockings tritt bei Annäherung an $\nu = 0.5$ nicht auf. Somit bewahrheiten sich die Studien am Kragbalken auch für das Cook's Membrane Problem. Die nur leicht verzerrte Geometrie vermag nicht die Konvergenz der gemischten Methoden, insbesondere der Enhanced Strain Methode, großartig zu beeinträchtigen. Es ist eine Bestätigung der erlangten Erkenntnisse aus den vorangegangenen numerischen Untersuchungen.

9 Zusammenfassung

Im Laufe dieser Arbeit wurden etliche Berechnungen und Konvergenzstudien gemacht und dabei wurden wichtige Erkenntnisse gewonnen. Es ist z.B. völlig unerheblich welche Belastung aufgebracht wird, ob die Last einen konstanten Momentenverlauf oder einen quadratischen hervorruft, die Elementformulierungen gewährleisten stets die gleiche Konvergenz gegen ein exaktes Ergebnis. Die Verschiebungsmethode hat den Mangel immer eine gewisse Anzahl an Elementen zu benötigen um gute Lösungen zu liefern, selbst wenn ein perfektes Netz (quadratförmige Struktur) generiert wird. Diesen Mangel hat die Enhanced Strain Formulierung nicht. Mit dieser Methode erhält man fast immer die besten Ergebnisse. Zur $\bar{B}$-Methode ist zu sagen, dass die damit berechneten Ergebnisse sich je nach Seitenverhältnis der Elemente zwischen den Ergebnissen der Verschiebungsmethode und denen der EAS-Methode einreihen. Mit folgender Tabelle sollen die Einflüsse auf die einzelnen Methoden zusammenfassend erfasst werden.

		Materialparameter		Geometrieverhältnisse	
		$\nu \to 0.5$	$\nu = 0.5$	verzerrtes Netz	Seitenverhältnis
EVZ	Versch.-M.	×	×	×	
	B-bar M.		×	×	×
	Enh. Str. M.	×		×	
ESZ	Versch.-M.			×	
	B-bar M.			×	×
	Enh. Str. M.			×	

Allein die Verzerrtheit des Netzes beeinflusst jede der vorgestellten Elementformulierungen, jedoch ist dieser Einfluss auf die EAS-Methode weitaus geringer, als auf die beiden anderen Methoden, wie man dem Abschnitt 8.2 entnehmen konnte.

Noch einige abschließende Worte zu Elementformulierungen. Die vorgestellten Formulierungen für Scheibenprobleme findet man unter anderem im sehr umfassenden Werk über die Finite Elemente Methode von ZIENKIEWICZ UND TAYLOR [15]. Sie bilden nur eine Grundlage und können als Verbesserung für das Verständnis anderer auch effizienterer Formulierungen dienen. Erwähnenswert sind z.B. die in der Dissertation von KOSCHNICK [6] detailliert untersuchten Methoden, dazu zählen die reduzierte Integration mit Hourglass-Stabilisierung, die Assumed Natural Strain Methode (ANS) oder auch die sehr effiziente Discrete Strain Gap Methode (DSG). Alle Elementformulierungen haben etwas gemeinsam, sie entstanden mit ausreichendem Wissen und auch sicherlich mit Phantasie.

Literatur

[1] ANDELFINGER UND RAMM: EAS-Elements for Two-Dimensional, Three-Dimensional, Plate and Shell Structures and Their Equivalence to HR-Elements. In: *International Journal for Numerical Methods in Engineering* 36 (1993), S. 1311–1337

[2] BATHE: *Finite Element Procedures.* Prentice Hall, 1996

[3] DE SÁ UND JORGE: New Enhanced Strain Elements for Incompressible Problems. In: *International Journal for Numerical Methods in Engineering* 44 (1999), S. 229–248

[4] GREVE: *Kontinuumsmechanik.* Springer Verlag, 2003

[5] HUGHES: Generalization of Selective Integration Procedures to Anisotropic and Non-linear Media. In: *International Journal for Numerical Methods in Engineering* 15 (1980), S. 1413–1418

[6] KOSCHNICK: *Geometrische Locking-Effekte bei Finiten Elementen und ein allgemeines Konzept zu ihrer Vermeidung,* Technische Universität München, Diss., 2004

[7] NAGTEGAAL UND FOX: Using Assumed Enhanced Strain Elements for Large Compressive Deformation. In: *International Journal for Solids and Structures* 33 (1996), S. 3151–3159

[8] NAGTEGAAL, PARKS, UND RICE: On Numerically Accurate Finite Element Solutions in the Fully Plastic Range. In: *Computer Methods in Applied Mechanics and Engineering* 4 (1974), S. 153–178

[9] PILTNER UND TAYLOR: A Quadrilateral Mixed Finite Element with Two Enhanced Strain Modes. In: *International Journal for Numerical Methods in Engineering* 38 (1995), S. 1783–1808

[10] SIMO UND ARMERO: Gometrically Non-linear Enhanced Strain Mixed Methods and the Method of Incompatible Modes. In: *International Journal for Numerical Methods in Engineering* 33 (1992), S. 1413–1449

[11] SIMO UND HUGHES: On the Variational Foundations of Assumed Strain Methods. In: *Journal of Applied Mechanics* 53 (1986), S. 51–54

[12] SIMO UND RIFAI: A Class of Mixed Assumed Strain Methods and the Method of Incompatible Modes. In: *International Journal for Numerical Methods in Engineering* 29 (1990), S. 1595–1638

[13] WERKLE: *Finite Elemente in der Baustatik: Statik und Dynamik der Stab- und Flächentragwerke.* Vieweg, 2008

[14] WRIGGERS UND KORELC: On Enhanced Strain Methods for Small and Finite Deformations of Solids. In: *Computational Mechanics* 18 (1996), S. 413–428

[15] ZIENKIEWICZ UND TAYLOR: *The Finite Element Method - Volume 1: The Basis.* Butterworth-Heinemann, 2000